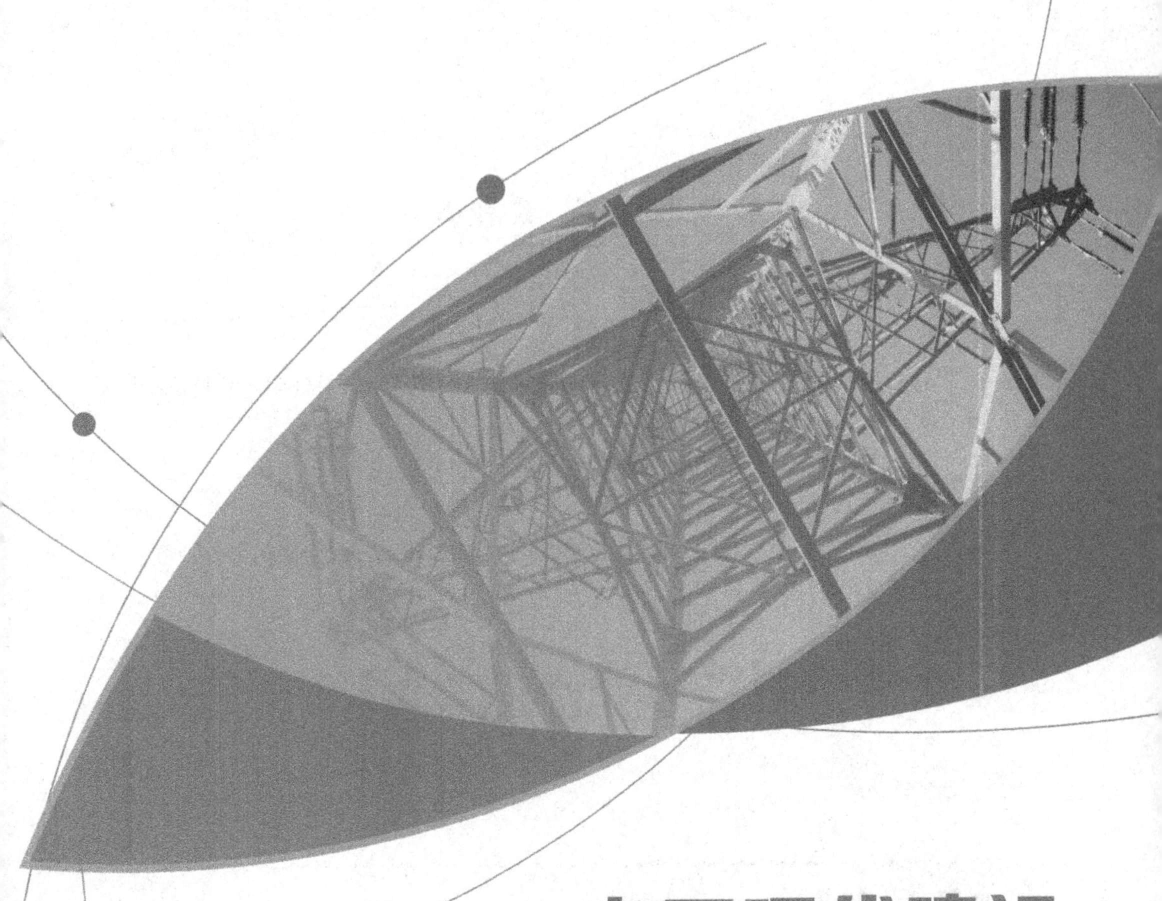

电网现代建设管理体系研究与实践

国网湖南省电力有限公司　编

·广州·

图书在版编目（CIP）数据

电网现代建设管理体系研究与实践/国网湖南省电力有限公司编．—广州：中山大学出版社，2024.5
ISBN 978-7-306-08090-5

Ⅰ.①电…　Ⅱ.①国…　Ⅲ.①电网—电力工程—管理体系—研究　Ⅳ.①TM727

中国国家版本馆 CIP 数据核字（2024）第 087657 号

出 版 人：王天琪
策划编辑：古碧卡　吕肖剑
责任编辑：罗雪梅
封面设计：曾　斌
责任校对：马萌萌
责任技编：靳晓虹
出版发行：中山大学出版社
电　　话：编辑部 020-84110283，84113349，84111997，84110779，84110776
　　　　　发行部 020-84111998，84111981，84111160
地　　址：广州市新港西路 135 号
邮　　编：510275　　传　　真：020-84036565
网　　址：http://www.zsup.com.cn　E-mail：zdcbs@mail.sysu.edu.cn
印 刷 者：广东虎彩云印刷有限公司
规　　格：787mm×1092mm　1/16　17.25 印张　300 千字
版次印次：2024 年 5 月第 1 版　2024 年 5 月第 1 次印刷
定　　价：68.00 元

如发现本书因印装质量影响阅读，请与出版社发行部联系调换

编委会

编写组

组　长　姚震宇

成　员　谢春光　江志文　洪　峰　彭凌烟　胡　伟
陈　卫　江　雷　马　海　彭可竹　甘　星
张　宏　李国勇　易南健　侯雪波　朱百一
周振兴　石　堃　许亚伦　李金茗　邓　源
陈逢榜　袁　领　周松林　罗　建　戴建斌
刘　嘉　周贤阳　孔祥霁　张国伟　朱　鹏
谭亚坤　孔嘉毅　唐建利　杨　松　荣　耀
罗春晖　周　鲲　邱立珊　仇思茂　夏娟娟
齐增清　谭丽平

目　　录

上编　现代建设管理体系建设实施方案

下编　现代建设管理体系配套指导意见

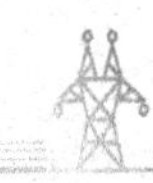

上编

现代建设管理体系建设实施方案

为深入学习贯彻党的二十大精神，全面落实习近平总书记关于“能源转型”的工作要求，围绕实现“双碳”（碳达峰、碳中和）目标，加快构建新型电力系统，助力新型能源体系规划建设，不断探索适应中国式现代化电网企业发展路径的电网建设管理新模式，推动国网湖南省电力有限公司（以下简称“公司”）电网高质量建设，公司决定开展现代建设管理体系建设，特制定本实施方案。

一、形势任务

基建是公司电网发展规划落地的起点和源头，是公司电网物理结构和资产实体的构建者。国家电网有限公司（以下简称“国网公司”）要求：“要更加准确地把握下一阶段深化基建‘六精四化’战略思路，推动电网高质量建设的关键与重点，强化‘基础性’，彰显电网建设价值作用，把握‘过程性’，确保电网建设优质供给，聚焦‘移动性’，聚力推动电网建设技术升级，突出‘外部性’，合力改善电网建设资源环境。”当前，公司基建工作面临的内外部形势正在发生深刻变化。

从外部形势看，新能源供给消纳体系的构建、建造方式的转变、依法合规监管的持续深入，给公司电网建设带来了新的机遇与挑战。

一是构建新型电力系统亟需加快技术与管理变革。建设新型电力系统，推动传统电力系统向适应大规模高比例新能源方向演进，确保能源电力体系运行的稳定性和灵活性，成为电网企业的重要责任，也是新时代赋予电网建设的重大机遇。只有积极开展基建技术与管理研究，加强顶层设计与规划统筹，与时偕行，以技术创新和管理变革持续推进专业工作提升，才能为新型电力系统的建设和发展保驾护航。

二是外部政策及环境变化亟需加快推进建设方式转变。为贯彻新发展理念，适应绿色低碳、生态环保等要求，实现人与自然和谐共生，近年来国家先后发布了绿色建造、智能建造、装配式建设等系列文件，对现代技术手段的应用等提出了明确要求。当前，产业工人日趋短缺，数字技术、人工智能、建筑技术迅猛发展，行业外部基建领域机械化作业、数智化管控已成为常态。电网建设从根本上摆脱“人工为主、机械为辅”的方式，以先进适用的技术装备实现“机械化换人、智能化减人”，以灵活互动的数智化平台实现“业务线上走、数据多跑路”已是大势所趋，这给公司推

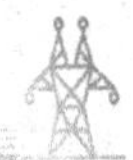

进建设方式转变、创新带来了新的机遇。

三是落实国家监管要求还需持续深化依法合规管理。纪检监察监督、审计监督、巡视监督常态化开展，中央生态环保督察不断深入，耕地保护日趋严格，国家及省内关于自然资源、生态环保的法律法规密集出台，电子化、智能化违法查处实时精准，违法联合惩处愈发严厉，严格监管、严肃追责的监管模式全面形成，对电网建设项目规范资金使用、依法用地、用林及环保水保等提出了更高要求。

从内部形势看，深入践行国网公司基建“六精四化”管理要求（精益求精抓安全、精雕细刻提质量、精准管控保进度、精耕细作搞技术、精打细算控造价、精心培育强队伍，以标准化为基础、绿色化为方向、模块化为方式、智能化为内涵），强化专业管理与项目管理，安全、优质、高效推进电网建设必须全面纳入公司工作治理体系。

一是基建安全稳定亟需提升电网建设本质安全管理水平。基建安全是公司安全生产的基础。当前，外包作业人员“散兵游勇”的方式没有得到彻底转变，其作业技能参差不齐，安全隐患没有完全消除，各种超预期、不确定因素始终存在，各类风险挑战更加易发、难控。建造模式、作业方式的转变要求公司进一步优化调整安全管控重点，系统施策、抓牢主责，全力打造“三位一体”分层分级的安全保证、保障与监督管理体系，扎牢基建安全基础，提升本质安全管理水平。

二是项目高效推进亟需强化电网建设环境要素保障。电网项目建设涉及的地域跨度大，特别是线路工程一般跨多个行政区域，其外部环境复杂，协调难度大。近年来，线路穿越生态敏感区问题突出，任何要素保障不到位都可能导致项目停滞不前，给按期投产保供电带来巨大的挑战，亟需“两个前期”（项目前期、工程前期）工作深度融合，组建前期项目部，加强前期工作统筹，强化电网建设环境要素保障，落实建设条件，加大协调力度，保障无障碍施工。

三是强化管理穿透力亟需提升项目全过程精益化管理。电网项目从立项到投产，时间跨度较大，工作流程较长，涉及部门较多，且职责界面不清晰。项目管理必须深入基层与现场，紧紧依靠业主、监理、施工项目部，不折不扣地落实专业管理要求，避免衰减与变形。同时贯通全过程进度管理，精准制定管控计划，深化业主监理项目部指挥能力与施工项目部作战能力建设，强化全员参与、全要素保障，提升项目全过程精益化管理。

四是推进电网高质量建设亟需提高公司建设能力。电网高质量建设是全员、全过程、全要素的高质量，是建设过程和效率效益的高质量，是项目管理与实物工程的高质量。当前，公司保供电项目建设任务依然艰巨，建设工期较为紧迫，电网建设规模持续处于高位，特高压、抽蓄工程建设迎来“新高峰”，建设能力相对不足、管控手段不够先进等问题突出，给电网建设带来新的挑战，亟待全面提升公司设计、施工、监理与建设管理等能力，提高工作站位，提升专业知识，加强骨干专家人才培养，创新管理手段，提升管理效率，全面提升建设能力，以适应电网高质量建设要求。

面对新的形势，我们要找准关键；适应新的发展，我们要看清方向。我们要深入学习理解“六精四化”的“四性”（基础性、过程性、移动性、外部性）特点，认真贯彻“六精四化”战略思路，加快构建现代建设管理体系，稳步推进电网建设技术和管理升级，助力公司电网高质量发展。

二、总体目标与思路

（一）总体目标

遵循项目管理规律，结合公司电网建设实际，科学合理配置资源，按照“三年三阶段”（2023 年初步建成、2024 年完善提升、2025 年全面建成）方式，以国网公司基建“六精四化”为引领，构建“三全”（全员责任到位、全过程管控到位、全要素保障到位）、“六更加”（组织架构更加科学、管理流程更加规范、管控手段更加智能、建造方式更加绿色、建设队伍更加专业、建设环境更加友好）的现代建设管理体系（MCMS），推动电网建设协调高效、有序可控，全面实现工程建设安全质量目标。

现代建设专业管理体系“三全、六更加”的具体内涵如下：

——全员责任到位。项目各参建单位、各专业部门及政府相关方全员责任明确，工作界限清晰，责任落实到位，人人都是管理者，事事都有责任人。

——全过程管控到位。从选址选线开始，每项工作目标明确、节点细

化，项目前期、工程前期、建设实施、总结评价各阶段组织有序、衔接紧密。

——全要素保障到位。资源配置科学，管理制度健全，技术支撑可靠，机械装备先进，队伍素质过硬，建设环境良好。

——组织架构更加科学。各级建设管理组织架构科学，目标与责任明确，专业分工清晰，沟通协作良好，权责高度匹配，业务运转高效。公司层面抓管理，参建单位抓项目，项目部抓执行。

——管理流程更加规范。同类工作标准化，特殊工作差异化：标准化的工作流程精简，规范实用；差异化的工作流程齐全，审批高效。纵向不同管理层级之间一贯到底，横向相关专业之间协同高效，工作流转顺畅。

——管控手段更加智能。坚持“数字化提效、智能化减人”，实施全流程数字化管控，确保项目过程管理和工程现场管控可视、在线、移动、透明，构建“适用实用、分级应用、承上启下”的感知应用体系，实现状态电网全息感知，以达到状态智能研判、风险精准预控、决策协同高效的目标。

——建造方式更加绿色。坚持绿色低碳理念，深化模块化建设，大力推行标准化设计、工厂化加工和装配化安装。坚持“机械化换人”，全面推行机械化施工，实现“全过程、全地形、全天候”机械化作业。实现绿色策划、绿色设计、绿色施工、绿色移交。

——建设队伍更加专业。建设管理人员综合素质全面提高，项目关键人员专业水平显著提升，核心分包队伍形成稳定的作业团队。技能型、技术型和管理型人才广泛涌现，队伍战斗力、凝聚力和向心力持续提升，职业认同感、归属感和荣誉感不断增强。

——建设环境更加友好。坚持“一把手”工程、“一张网”规划、“一揽子”办法、“一体化”调度，将电网建设环境要素保障纳入公司内部和地方政府常态化治理工作体系，做到“问题在哪里、协调到哪里”，构建“政府主导、政企联动、责任共担、合作共赢”的新机制。

（二）总体思路

以国网公司基建“六精四化”为引领，以设计为龙头，以前期工作为关键，以项目管理为中心，聚焦基层作业单元，牢牢抓住项目部建设的“牛鼻子”，把最强力量配置到项目部，把各项要素资源配备到项目部，做到人才在项目上历练、能力在项目上提升、责任在项目上落实、管理在项目上到位。构建“一个责任体系”（现代建设管理责任体系），加快“三个转型升级”（机械化施工转型升级、基建数智化转型升级、绿色建造转型升级），实施“六项提升工程”（本质安全提升工程、项目全过程精益化管理提升工程、建设环境保障提升工程、建设能力提升工程、人才培养提升工程、合规管理提升工程），建立“一个平台”（基建政策、管理、技术研究创新平台），抓实“一个关键”（前期、业主、监理、施工四大项目部管理），全面提升基建管理现代化水平，安全、经济、优质、高效地完成电网建设任务（图1）。

三、工作组织

（一）现代建设管理体系领导小组

成立由公司主要负责人任组长，分管负责人任副组长，本部相关副总师、部门及相关二级单位主要负责人为成员的领导小组，负责研究构建现代建设管理体系的重大事项，审定公司现代建设管理体系建设实施方案，协调解决推进过程中的重大问题，定期听取现代建设管理体系工作办公室的专题汇报，加强工作督导。

组长：公司主要负责人。

副组长：公司分管负责人。

成员：相关分管副总师、安全总监，党委办公室（党委办）、发展部、财务部、组织部、人力资源部（人资部）、党建部、宣传部、纪委办、安全监察部（安监部）、设备部、营销部、科技与数字化部（科数部）、建设部、物资部、审计部、法律部、工会、调控中心、产业部等部门，以及各市州公司、建设公司、送变电公司、经济研究院（经研院）、电力科学研究院（电科院）、超高压变电公司、超高压输电公司、信通公司、物资公司等单位主要负责人。

（二）现代建设管理体系工作小组

成立由公司分管负责人任组长，分管副总师、建设部主任任副组长，本部相关部门及相关二级单位分管建设负责人为成员的工作小组，负责统

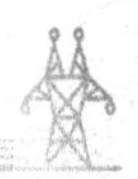

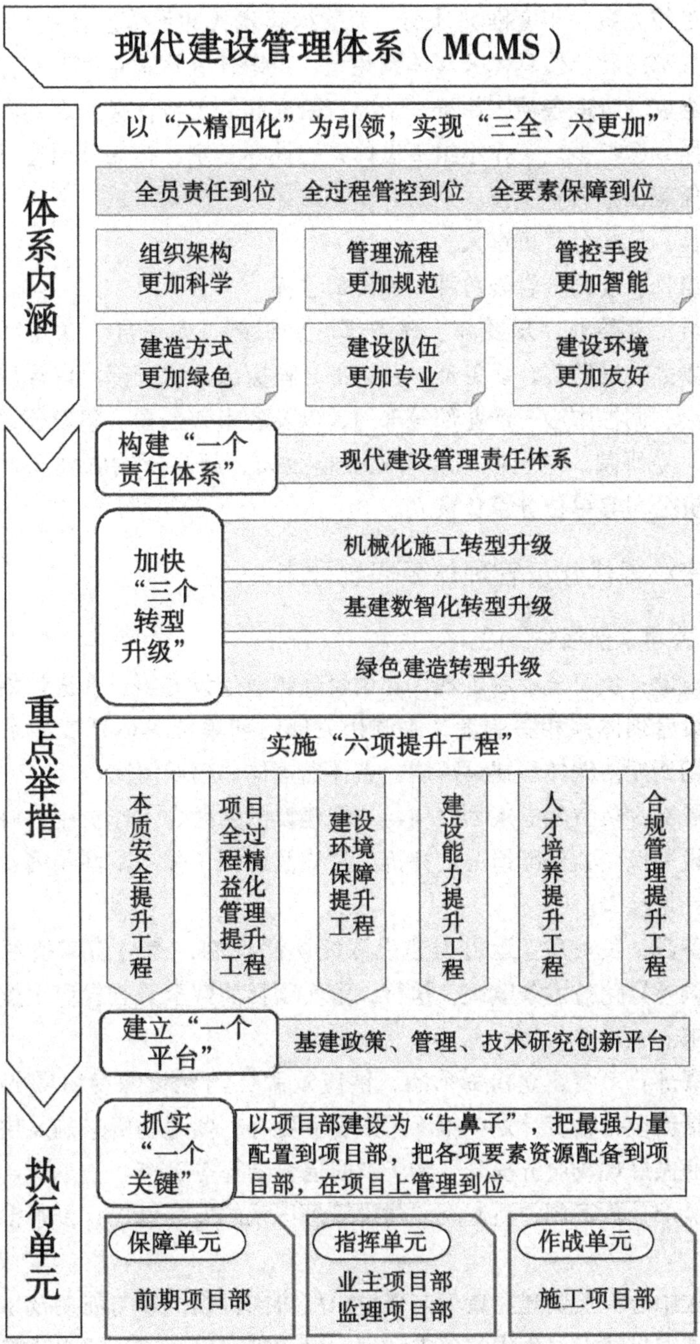

现代建设管理体系（MCMS）

体系内涵

以“六精四化”为引领，实现“三全、六更加”

全员责任到位　全过程管控到位　全要素保障到位

组织架构更加科学	管理流程更加规范	管控手段更加智能
建造方式更加绿色	建设队伍更加专业	建设环境更加友好

重点举措

构建“一个责任体系”：现代建设管理责任体系

加快“三个转型升级”：
- 机械化施工转型升级
- 基建数智化转型升级
- 绿色建造转型升级

实施“六项提升工程”：
- 本质安全提升工程
- 项目全过程精益化管理提升工程
- 建设环境保障提升工程
- 建设能力提升工程
- 人才培养提升工程
- 合规管理提升工程

建立“一个平台”：基建政策、管理、技术研究创新平台

执行单元

抓实“一个关键”：以项目部建设为“牛鼻子”，把最强力量配置到项目部，把各项要素资源配备到项目部，在项目上管理到位

保障单元	指挥单元	作战单元
前期项目部	业主项目部 监理项目部	施工项目部

图1　现代建设管理体系总体目标与思路

筹制定工作方案、年度推进计划，完善构建现代建设管理体系相关制度，协调相关部门和单位具体开展体系建设，组织开展日常管控工作，定期召开工作会议，听取各项工作推进情况，研究部署工作任务，定期向公司领导小组做专题汇报。工作小组下设体系建设办公室，挂靠公司建设部，建设部主任兼任办公室主任。

组长：公司分管负责人。

副组长：公司分管副总师、建设部主任。

成员：党委办、发展部、财务部、组织部、人资部、党建部、宣传部、纪委办、安监部、设备部、营销部、科数部、物资部、审计部、法律部、工会、调控中心、产业部等部门，以及各市州公司、建设公司、送变电公司、经研院、电科院、超高压变电公司、超高压输电公司、信通公司、物资公司等单位分管负责人。

（三）现代建设管理体系职责分工

1. 公司本部相关部门

建设部：负责统筹制定现代建设管理体系建设方案、推进计划，完善现代建设管理体系相关制度，协调相关部门和单位具体开展体系建设工作，定期调度协调体系建设进展，点评通报体系建设情况。

发展部：负责建立规划立项与工程建设深度融合工作机制，协同完成电网建设环境要素保障情况的评价、考核及通报，并与配网年内、主网年度投资计划挂钩。

设备部：负责建立运检与建设深度协同机制，参与前期技术柔性团队，协调差异化技术条款统一执行，落实项目前期至验收投产全过程设备运检要求。

物资部：负责建立物资采购、供应及服务与建设深度协同的工作机制，包括新设备物资计划申报、采购及变更等，紧急物资采购及供应，督促供应商做好现场服务提升、物资及时退料结算等工作。

安监部：负责制定适应现代建设管理体系的安全管控、督查把关提升措施。

调控中心：负责建立调度与建设深度协同机制，参与前期技术柔性团队，合理安排建设过程中的停电计划，科学制定投产试运行调度方案。

人资部：负责编制现代建设管理体系职责职能优化及机构调整、人才

培养、人员薪酬激励、企业负责人业绩指标考核等方案，并督促落实。

科数部：参与编制现代建设管理体系基建数智化转型方案，提供数智化转型技术指导，负责基建数智化建设及运行维护归口管理。

产业部：负责组织编制省管产业单位现代设计、施工企业方案，监督指导产业单位实施。

2. 市州公司及相关直属单位

各市州公司：负责编制本单位现代建设管理体系实施方案，重点落实“三个转型升级”“六项提升工程”，以及抓实四大项目部建设，强化基建政策、管理与技术研究创新，督促相关部门和单位具体落实体系建设各项要求。

建设公司：负责编制本单位现代建设管理体系实施方案，重点落实公司现代建设管理体系关于职责优化、“两主一机制”、基建数智化转型和绿色建造转型、本质安全提升、项目全过程精益化管理提升、建设能力提升、人才培养提升、合规管理提升，以及搭建基建政策、管理与技术研究创新平台等工作的各项要求。

送变电公司：负责编制本单位现代建设管理体系实施方案，重点落实公司现代建设管理体系关于职责优化、基建数智化转型、机械化施工转型、绿色建造和装配式建设转型、本质安全提升、项目全过程精益化管理提升、建设能力提升、人才培养提升、合规管理提升，以及搭建基建政策、管理与技术研究创新平台等工作的各项要求。

经研院：负责编制本单位现代建设管理体系实施方案，重点落实公司现代建设管理体系关于基建数智化转型、技术与技经支撑，以及搭建基建政策、管理与技术研究创新平台等工作。

电科院：负责编制本单位现代建设管理体系实施方案，重点落实公司现代建设管理体系在建设阶段的电气技术监督、环保水保支撑等工作。

超高压变电公司：负责编制本单位现代建设管理体系实施方案，重点落实公司在现代建设管理体系设计阶段及建设过程中的各项要求，提高电网建设质效。

超高压输电公司：负责编制本单位现代建设管理体系实施方案，重点落实公司在现代建设管理体系设计阶段及建设过程中的各项要求，提高电网建设质效。

信通公司：负责编制本单位现代建设管理体系实施方案，重点落实公司现代建设管理体系中关于基建数智化转型、信通设备验收投运等工作。

四、重点举措

（一）构建现代建设管理责任体系

1. 明确建设体系的责任界面

电网建设管理责任体系是组织保障，公司各专业、各层级系统施策、有机衔接，以项目建设为核心，以项目管理为主线，以专业协同为保障，以建设支撑为动力，构建职责明晰、运转高效的现代建设管理责任体系（图2）。

（1）部门协同高效，凝聚建设合力。公司建设、发展、物资、设备、调控、供指、安监等部门各司其职、高效协同，共同推进电网高质量建设。建设部负责项目建设进度计划、安全、质量、技术、造价专业管理等；发展部负责项目规划编制、前期工作、投资计划、投资统计管理等；物资部负责收集计划、组织采购、物资供应、现场服务、配合退库及结算等；设备部负责项目建设全过程技术监督归口管理、工程验收及竣工投产操作管理，参与项目设计技术方案审查、设备技术协议签订、设备出厂验收等；调控中心负责安排停电计划、启动投产，参与项目技术方案（自动化、网络安全、二次保护、通信专业）、稳控系统方案、项目建设停电过渡方案审查等；供指中心负责按照主网线路施工需求安排10 千伏及以下线路停电计划；安监部负责电网建设全过程安全管理指导、监督等。

（2）项目管理精益，提升建设管理水平。紧扣“一流电网”建设目标，建设管理单位力图打造一支专业管理先进、业务流程清晰、项目组织紧密的全员管理团队，统筹建设资源，高质量推动项目实施。建设公司、市州公司围绕“专业服务项目”思路，强化安全、质量、进度、技术、造价等对项目管理的指导和推进作用。建设公司负责500 千伏及以上和部分220 千伏输变电工程建设管理，负责组建前期项目部和业主项目部，抓实施工项目部。市州公司负责220 千伏及以下输变电工程建设管理，负责组建前期项目部。项目管理中心负责组建业主项目部，抓实施工项目部。原则上区县公司负责35 千伏输变电工程建设管理，负责组建业主项目部。物资公司、超高压变电公司、超高压输电公司、信通公司、市州运维及物资管理单位纳入业主项目部，按专业承担项目管理的相关职责。

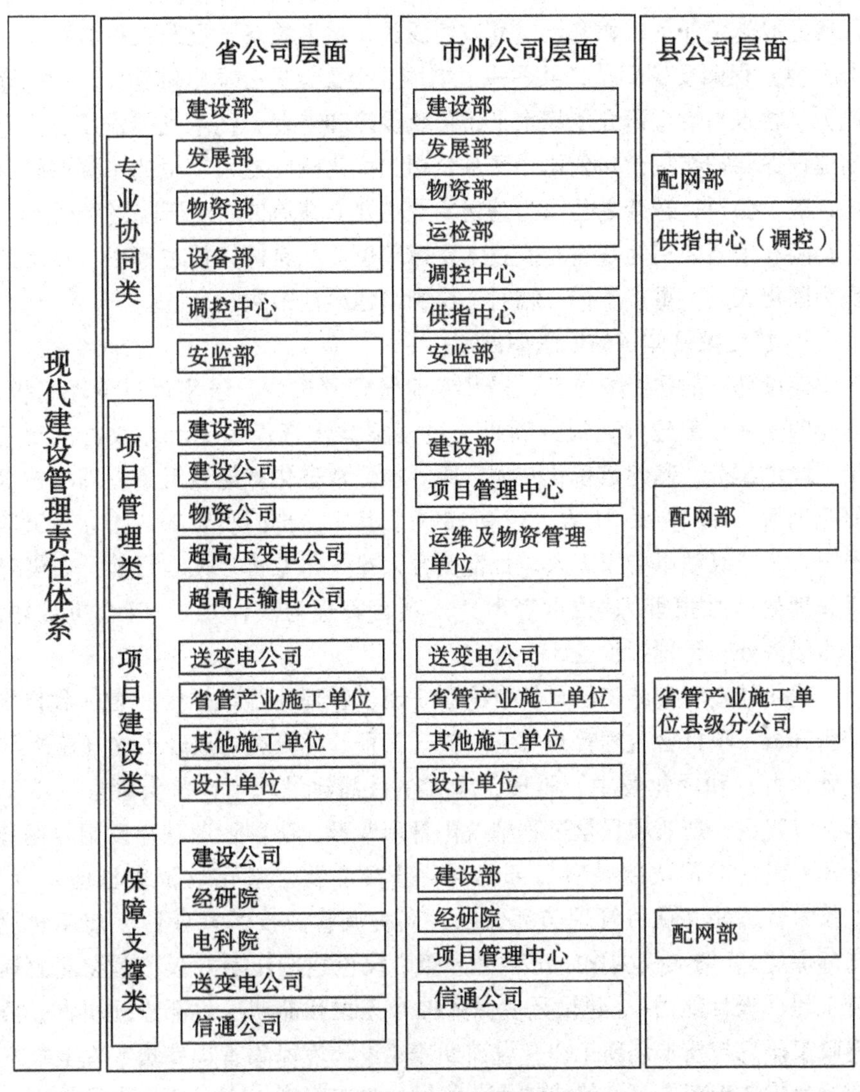

图2　现代建设管理责任体系

（3）项目建设卓越，铸造精品工程。以机械化施工、绿色建造和基建数智化转型升级为契机，提升技术、技能和装备水平，培育技术领先的设计团队和一流的施工队伍，围绕现场抓实管理，紧扣作业提升技能，铸造精品工程。设计单位以“四化”建设为方向，创新提升设计技术水平，优质、高效完成设计任务；送变电公司、省管产业施工单位及县级分公司、

其他施工单位以施工项目部为“作战单元”，强化目标责任考核，安全、优质完成施工任务；物资供应商诚信履约，保证质量，提升服务水平。

（4）保障支撑到位，共建一流电网。全面提升公司电网建设环境保障能力、技术与管理研究创新水平，强化保障和专业、技术支撑作用，为电网建设保驾护航。市州公司、区县公司为优化电网建设环境的主要保障单位，建设公司、送变电公司为基建专业主要支撑单位，经研院（经研所）、电科院和信通公司为基建专业技术支撑单位。在具体建设过程中，日常工作为固化人员，重点工作、临时工作则组建柔性团队。

2. 优化建设体系的职责职能

建设部：加强专业管理，提升专业管理穿透力。强化项目管理组织，深化四大项目部建设，提升项目全过程精益化管理水平。加快机械化施工、绿色建造、基建数智化转型升级。加强常态化基建政策、管理与技术研究创新。部门定编21人，现有18人。其中，部门负责人3人、三级职员1人、二级领军专家1人、处室负责人6人、专责7人。目前，内设建设管理处（数据处）、技术管理处（项目管理与环保处）、安全质量处、技术经济处、计划评价处5个处室。

优化处室职责分工的具体措施：①建设管理处（数据处）增加数智化转型升级、项目全过程精益化管理提升工程、建设能力提升工程（施工与建管能力）和深化业主、监理、施工项目部建设职责，负责管理创新工作，设建设计划兼项目全过程精益化管理专责、项目管理兼建设能力提升管理专责、工程调度兼项目部标准化管理专责、基建数智化管理专责。②技术管理处（项目管理与环保处）名称调整为技术管理处（前期管理与环保处），增加机械化施工转型升级、绿色建造转型升级、建设能力提升工程（设计能力）、建设环境保障提升工程和前期项目部管理职责，负责政策研究与技术创新工作，设前期兼建设环境保障管理专责、变电技术兼绿色建造管理专责、线路技术兼机械化施工管理专责、环保水保管理专责。③安全质量处增加本质安全提升工程管理职责，设本质安全管理专责、安全督查兼分包管理专责、工程质量兼创优管理专责。④技术经济处增加合规管理提升工程管理职责，设变电技经管理专责、线路技经管理专责、技经专业兼合规管理专责。⑤计划评价处增加人才培养提升工程管理职责，设计划监督评价管理专责、队伍建设管理专责、综合管理专责。

建设公司：聚焦主责主业，加强专业管理，向“专业+项目”管理转

型，加强前期管理，强化数智化和基建人才培养，支撑公司建设部专业管理，支撑基建政策、管理与技术研究创新平台的搭建工作。优化内部职责分工的具体措施：①独立设置安全监察部（应急管理部、安全督察中心），负责本质安全提升工程，支撑公司建设部开展输变电项目安全及应急管理，监督安全投入配置情况，提升安全管理成效。②独立设置技术质量部（数字化部），负责机械化施工、基建数智化和绿色建造转型升级，支撑公司建设部开展输变电项目计划、技术、质量专业管理，负责技术创新管理，支撑公司电网基建数智化管控中心的运转，配备专职人员负责全省输变电项目推进情况监测分析、远程安全监督检查，支撑公司建设部开展调度协调，督察工程管理策划、建设环境保障、业务合规管理工作情况，归口基建数智化业务专班日常管理。负责建设阶段的土建技术监督管理。③做强前期管理中心，支撑公司主网项目前期、工程前期工作；负责所建管项目的前期工作，组建前期项目部，抓好前期工作统筹，组织全员参与，落实全要素保障；负责建立外协平台，协助公司建设部、发展部对口联系省直及以上部门行政审批手续办理。④设立建管项目分公司，负责项目全过程精益化管理提升和建设能力提升工程，做好基建政策、管理与技术研究创新的主要支撑，负责特高压、500 千伏等所辖项目管理，组建业主项目部（项目管理部）。党委组织部（人力资源部）负责人才培养提升工程。计划财务资产部、技经管理中心负责合规管理提升工程。

送变电公司：作为公司电网建设和应急抢修的主力军，聚焦电网建设和应急抢修主责主业，大力拓展设计咨询、电缆运维、带电作业、新能源建设等业务领域，构建以主责主业为基础、以生产业务和新兴产业为保障的业务布局，形成主营能力一流、产值结构科学、业务范畴多元的发展格局。优化内部职责分工的具体措施：①重点建设好施工项目部及作业层班组，加快机械化施工推广应用、绿色建造和基建数智化转型，建立产业工人管理平台，支撑基建政策、管理与技术研究创新平台的工作，建成治理体系和治理能力现代化的国网一流建设企业。②整合变电、线路工程施工技术管理和项目管理体系，撤销变电管理部和线路管理部。设立工程技术质量部（科技与数字化部），负责机械化施工、基建数智化和绿色建造转型升级，负责工程技术管理、质量管理、施工专业技术咨询、技术创新、科技创新、装备创新、科技成果孵化及应用等工作，参与基建数智化业务专班，内设施工项目数智化管理中心，支撑基建政策与技术研究创新。设立施工管理部，负责项目全过程精益化管理和建设能力提升工程，负责所有项目的统筹协调、安全、质量、进度管控、分包管理、作业层班组建设等工作，支撑基建管理研究创新。③拓展机械化施工推广中心职责，支撑机械化施工转型升级，支撑机械化施工专项设计的评审工作，打造机械化施工，实现装备研发、推广应用、技经研究、实操培训、施工管理、班组建设、技术服务等全链条管理，引领机械化施工迈上新台阶，塑造核心竞争力。党委组织部（人力资源部）负责人才培养提升工程。经营发展部负责合规管理提升工程，技经结算中心做好支撑，拓展新能源、带电作业等业务领域。安全监察部（应急管理部、安全稽查办公室）负责本质安全提升工程。

经研院：加强支撑队伍建设，充实技术、技经、安全督察、数字化、环保水保人员，提升支撑人员的研究能力。建立公司基建管理智库，搭建基建政策、管理与技术研究创新平台。在数字化事业部内设基建数智化管理班组，负责基建数智化建设、运营。评审中心名称调整为电网建设研究创新中心（评审中心），充实力量，实行“1+3+N”（一中心，本质安全、政策研究、管理与技术创新3个智库，N个柔性团队）模式，协同规划中心、技经中心、电网设计中心以及省建设公司前期工作中心等组成柔性团队，具体承担公司电网基建政策、管理与技术研究创新工作，实时关注政府发布的基建相关法律法规和行政规章，深入开展政策研究，紧跟行业发展动态，开展基建管理、新技术研究及推广应用。在电网建设研究创新中心（评审中心）成立勘察水保技术室，负责支撑勘察、水保技术管理和质量管控。

电科院：在化环中心（化学与环境工程技术中心）成立环保水保监督室，选优专业人员，专职化开展技术监督和支撑工作。加强建设阶段电气专业技术监督力量的投入，规范开展专业技术监督工作。支撑基建政策、管理与技术研究创新。

信通公司：负责基建数智化技术支持、系统运维和应急处置，应用运维中心加强对建设的专业支撑，保障人员投入。

市州公司：作为市州域范围35千伏及以上电网建设的主体单位，建立统筹调度机制，常态化开展调度协调，发挥好电网建设牵头、抓总作用，承担电网建设主体责任，实行“两主一机制”（主人单位、主体责任、统筹机制）。同时，厘清建设部与项目管理中心的职责界面，建设部

负责专业管理与工程前期工作，以及建设过程中重大事项的外部协调工作，开展基建政策、管理与技术研究创新。发展部负责项目前期管理工作，与建设部按阶段协同组建前期项目部。项目管理中心负责组建业主项目部，开展项目管理。市州公司统筹，建设部增设环保水保管理专责岗位，加强环保水保监督管理，充实前期管理人员；项目管理中心落实建设部各项工作要求，支撑建设部专业管理，完善内部组织及岗位设置，内设本单位电网基建数智化管控中心，设置监控专责、数字化专责岗位；经研所强化评审室力量建设，加强可研（可行性研究）、设计评审把关和技术支撑。

区县公司：落实建设环境要素保障主体责任，配网管理部明确1名部门负责人，负责建设环境协调工作。区县公司原则上负责35千伏项目管理，可根据需要配置项目管理人员，过渡阶段可以采取与项目管理中心联合组建业主项目部的方式逐步推进。

（二）加快向机械化作业模式转型升级

1. 系统开展机械化施工研究

坚持系统思维，深入开展机械化施工研究创新。

（1）开展装备技术研究。公司建设部立足于机械化施工技术与装备的标准化、系列化，重点推进恶劣环境及有限空间、高空、近电等高风险人工作业的机械化替代。省机械化施工推广中心持续推进装备轻小型化，以“三个一批”（改进一批既有装备，研发一批新型装备，储备一批研发课题）为着力点，不断填补施工装备空白，实现施工技术的更新迭代。

（2）开展作业模式研究。省机械化施工推广中心以实现“流水线”作业为目标，总结试点示范工程建设经验，开展现场作业组织模式转型研究，针对不同类型机械化装备的技术特点，优化现场施工工序和班组分工，完善施工工法，固化作业流程。

（3）开展管理机制研究。建设公司、送变电公司、经研院等各单位联动，统筹安全、环保、技经等各要素，开展基于机械化施工的管理流程和风险管控机制研究，建立健全机械化施工管理协同体系，完善绩效评估和激励机制。

2. 全面构建机械化施工协同保障机制

压实各专业各层级职责，以提高生产力为目标，全方位构建机械化施工保障机制。

（1）构建施工装备保障机制。公司采购一批专用装备，依托省施工装备租赁平台和基建专业数智化建设，实现装备租赁和调配流程线上化运转，为送变电公司、产业公司施工单位和省内其他参建施工单位提供服务，提高机械化施工专用装备的利用率。同时，鼓励市州产业公司自购装备进行补充。

（2）构建施工环境保障机制。前期项目部组织开展选址选线和方案比较工作，优先选择适用于全过程机械化施工的路径和塔位。属地公司做实要素保障，及时化解建设过程中出现的矛盾，实现“无障碍”机械化施工。

（3）构建物资供应保障机制。建管单位要结合机械化施工特点，及时申报招标计划，统筹优化物资供应节点，保障供应商生产周期合理；各级物资供应单位要充分利用绿链建设成果，及时组织确认供应计划，强化履约过程督导，确保物资供应满足施工“流水线”作业需求。

（4）构建安全和造价保障机制。省机械化推广中心组织专业人员和装备研制厂家，有针对性地编制安全操作规程和典型工法，开展操作人员培训和技能测评。公司建设部组织建设公司、经研院、送变电公司等单位开展计价标准研究，持续完善机械化施工计价依据和计价体系。

3. 大力推广机械化施工技术应用

（1）统筹推进新型施工装备的推广应用。公司建设部会同产业部、工会等部门，督促产业施工单位加强装备配置和人员培训，依托工程开展技能竞赛，以赛促培、以赛促用，打造机械化施工示范工程。

（2）强化机械化施工策划管理。建管单位在项目建设管理纲要中专章策划机械化施工，设计单位开展机械化施工专项设计，施工单位编制机械化施工单基策划方案。

（3）严格落实机械化施工应用考核。公司建设部将机械化施工应用率纳入建管单位关键业绩指标及同业对标，定期发布应用率考核通报；建管单位开展机械化施工工程应用成效评价，评价结果纳入设计、施工、监理合同的履约管理。

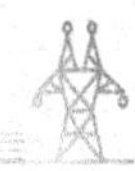

（三）加快向基建数智化转型升级

1. 转变基建项目管控模式

探索“业务线上流转＋现场智能感知＋远程集中监控”的数智化管控新模式，提升数据自动采集及要素状态感知能力，以数字化工单驱动“全员”协同运作，提升建设管理远端监控、现场闭环能力。

（1）推动管理模式从“流程驱动”向“数据驱动”转变。公司建设部组织各单位高质量完成国网“e基建2.0”试点应用及推广工作，提前准备部署资源、数据迁移和用户培训。参建单位各级人员全面应用线上管控方式，固化标准化业务流程，实现业务线上填报、审批签章。公司建设部组织开发自建应用，构建贯通项目全过程的业务流与数据流，强化工单、预警、消息、督办功能，精准监测项目执行过程的状态，高效推进管理要求落地执行。

（2）推动建造方式从“人机协同”向“智能建造”转变。公司建设部牵头做好国网“e基建2.0”现代智慧工地专项建设，搭建“作业单元”指挥中枢，优选雷达吊臂、智能安全帽等先进智能装备，针对大中型机械化设备开展数智化改造，提升数据自动采集、状态全面感知、远端集中操控、风险主动预警能力，提高智能建造水平。

（3）推动数据应用从统计分析向智能研判转变。成立省、市两级基建数智化管控中心和施工单位电网工程数智化管控中心，挖掘四个阶段业务流数据，打造项目进度、物资供应、图纸交付、手续办理、人员队伍、现场风险等全要素感知的基建数智化管控平台，实现项目全过程在线管控和动态督办，固化“现场＋远程”双重管控机制。

2. 破解数智转型关键难题

按照“统推自建并行、中台＋微应用”的建设思路，优选实用型感知设备，深化三维设计成果应用，破解转型难题。

（1）分类分级开发自建应用。推进业务处理线上化，建设公司负责前期项目部、业主项目部、监理项目部的业务需求，送变电公司负责施工项目部、班组的业务需求，经研院负责设计、评审、技经的业务需求。推进专业管理可视化，建设公司负责基建数智化管控中心的业务需求，送变电公司负责电网工程数智化管控中心的业务需求。推进支撑服务高效化，建设公司负责监理企业的业务需求，送变电公司负责施工企业的业务需求。

公司建设部根据需求精准开发“功能专业化、操作无纸化、数据结构化、签章电子化”的微应用群。

（2）探索建设现代智慧工地。送变电公司牵头开展现场智能化建设、工法研究创新等，推广智能装备，重点构建机械智能化、感知智能化、远程识别等三方面能力，为服务工程现场、助力专业管理提供基础数据支撑。建设公司强化无人机技术应用，创新项目管理手段。

（3）建设数字孪生电网。经研院强化三维设计和数字航测的开发应用，推进数字化设计成果在规划、建设、运行全寿命周期内的贯通应用，充分发挥设计的龙头作用，为数字电网建设奠定数据基础。

3. 建立数智转型长效机制

牢树“数字化就是专业”的理念，务实开展各项工作任务，确保基建数智化转型善作善成。

（1）落实组织保障。成立公司层面的基建数智化转型领导小组和业务专班，建设部主要负责人任业务专班组长，分管负责人任业务专班副组长，选调公司基建战线懂专业、懂数字化的业务骨干深度参与。建设公司技术质量部（数字化部）具体承担业务专班日常工作运转。

（2）健全工作机制。公司建设部组织业务专班加快编制基建数智化转型顶层设计和实施方案，报领导小组审批。制定系列专业管理实施细则，按照“一事一策”的原则制定操作手册，构建基建数智化管理的“四梁八柱”。完善项目建设顶层设计、需求统筹、评审把关、协调推进、成效评估、履约评价等数智化相关工作机制，提升数智化项目建设质量。经研院完善培训推广、运营监测、数据治理等应用相关工作机制，制定系列专业管理实施细则与操作手册，确保数智化建设取得实效。

（3）加强调度协调。固化工作例会和质量管控机制，建立领导小组季度督导会、业务专班月度点评会、工作小组周例会制度，明确任务节点，“挂图作战”，及时协调解决工作中存在的问题。

（四）加快向绿色建造模式转型升级

1. 全方位贯彻绿色建造新理念

坚持统筹协调，对工程策划至移交等建设全过程进行统筹，对生态、质量、效率等建设要素进行总体平衡，逐步推动工程建造绿色化转型。

（1）做优绿色策划。建管单位负责在可研阶段统筹考虑绿色建造相关

要求，可研批复后组织制定总体策划方案，确定绿色建造的总体目标；设计单位应在初设阶段编制绿色设计策划专题报告；施工单位在开工前编制绿色施工方案，细化实施路径和举措。

（2）做细绿色设计。公司建设部建立涵盖设计、施工、运维等各个阶段的协同设计机制，各方前置参与，实现可研、初设和施工图设计技术方案一贯到底的设计目标；建管单位负责落实标准化、模块化建设要求，督促设计单位开展 BIM 正向设计，应用数字航测等前沿技术开展线路路径、塔位以及变电站总平面布置优化等工作。

（3）做实绿色施工。施工单位要严格落实“四节一环保”（节能、节地、节水、节材和环境保护）要求，积极应用绿色建材、施工新技术和先进工艺工法，对扬尘、噪声、污水和渣土等进行有效控制，减少建设过程中对环境的污染。全面落实预制构件工厂化加工要求，扩大应用预制舱式临建等定型化临时设施，积极采用组合铝合金、塑料模板等施工工艺，减少资源消耗。

（4）做好绿色移交和效果评价。建管单位是绿色移交的主责单位，负责推动设计成果从“图纸交付”向“数字交互”转型；设计单位应加强竣工图质量把关，确保数字交互成果与实体移交成果的一致性。建管单位负责开展绿色建造自评，公司建设部结合达标投产考核标准开展绿色建造评价，持续评估、改进绿色建造成效。

2. 深层次推动新技术研究应用

以工业化、智能化为指引，依托工程组织开展新技术研究和应用试点、示范，持续提升电网工程绿色化建造水平。

（1）开展技术创新研究。公司建设部组织经研院和模块化建设柔性团队，持续开展预制构件轻量化、大型地下设施装配化、钢结构建筑围护结构集成化等研究，试点、推广六氟化硫环保气体替代、环保型线路基础、预制舱式 110 千伏 GIS、SVG 等新技术。

（2）加强应用保障。公司建设部明确绿色建造新技术试点与推广应用范围，滚动更新预制件标准化施工图，及时调整装配式建筑构件信息指导价。经研院（经研所）加强设计评审环节管控，将绿色建造技术应用纳入审查要点。施工单位积极引进专用装备，改进施工组织，提升装配式构件的应用质效。设计单位科学选定设备类型和建设技术，合理计列工程造价。

(3) 打造示范工程。聚焦自主可控二次系统、线路在线监测、辅助设备智能监控等新型电力系统建设技术，公司建设部每年发布新技术应用重点管控示范项目清单，动态组织技术交流、现场观摩和总结评价等活动。

3. 全过程落实环保水保要求

以“四个不发生”(不发生对社会对公司造成重大不良影响的电力安全事件，不发生对社会及公司造成不良影响或有责任的涉电公共安全事件，不发生二级及以上有责任电力生产安全事件，不发生三级及以上网络安全事件）为基本目标，强化全流程管控，实现电网建设与环境保护的和谐共生。

(1) 高质量开展专项设计。公司建设部组织制定标准，明确可研、初设及施工图等阶段的环保专项设计深度要求；依托经研院开展不同地质条件下的环保典型方案研究，细化编制标准化施工图，完善造价保障措施。评审单位要补齐专业力量，强化评审过程把关。

(2) 全方位管控作业现场。施工单位应针对性地开展方案策划，从源头上减少对周边环境的扰动；施工现场应严格控制污水、扬尘和噪声等污染物的排放水平，科学处置土方，分阶段实施迹地复绿工作。建管和监理单位要加强专项检查和督导，重点打击顺坡溜渣、靠天复绿等违规行为。公司建设部组织制定方案，分阶段开展施工现场环保管理量化评价，并将评价结果与施工合同结算挂钩。

(3) 多方式开展监督检查。依托电科院、经研院等单位，分层级开展环保专项监督检查，定期举办施工现场交叉互查活动，严格管控水土流失及其他环境破坏风险；积极运用“卫星遥感+无人机”等前沿技术，对易发生水土流失等灾害的作业现场和重点工程开展常态化监督检查，及时通报典型问题。

(五) 本质安全提升工程

牢固树立“三天四最”(今天最安全、明天更安全、后天最安全，最严格的要求、最严密的组织、最严肃的态度、最严明的纪律）安全理念，坚持“系统思维、综合施策、抓牢主责”，明确公司、参建单位、项目部、作业层班组四层安全管理责任，全力打造“三位一体”分层分级的建设安全保证、保障、监督管理体系，深化全链条、全过程安全风险管控，推动电网建设安全向预防型、主动式、本质安全管理体系转变。

1. 抓牢责任，提升保证体系安全能力

(1) 提升作业人员技能。建立产业工人管理平台，支撑自有班组建设，对现场作业人员实行统一管理，统一组织开展人员轮岗、跟班培训、理论实操考评，全面规范产业工人准入、持证、考核、退出的全过程管控机制，通过信息平台对纳入“负面清单”的人员进行线上管控，为优秀产业工人的奖励、岗位提升提供数据支撑。

(2) 强化标准化作业管理。健全标准化的作业票和风险管控措施，严格落实“三交三查”、作业准备、过程管控等标准化作业流程，构建标准化作业管理体系，提升标准化作业水平。班组骨干每日开展作业前检查、作业中管控、作业后小结，有效控制、约束、规范各类作业行为。

(3) 强化关键人员履责。公司建设部组织开展项目经理、工作负责人等关键人员的年度轮训工作，切实提升其安全管控能力；规范各级挂点负责人的履职责任清单，督促挂点负责人认真履职，定期开展挂点项目“8+2”工况（拆除、超长抱杆、深基坑、索道、水上作业、反向拉线、不停电跨越、近电作业等八类作业和特殊气象环境、特殊地理条件）梳理和事故隐患排查；组织厘清全链条安全职责，压实项目经理、安全员、作业负责人等现场关键人员责任。参建单位切实落实主体责任，加大资金、物资、技术、人员的投入，保障建设项目的顺利开展。

(4) 保障生产作业秩序。各参建单位严格落实“专业安委会、月例会、周例会”，施工项目部严格落实“周例会、日晚会”，作业班组严格落实“日早会、首票提级管控”等生产秩序管控机制，加强作业现场管控，严格执行“月计划、周安排、日管控”要求，坚持“无计划、不作业”和高风险作业“无视频、不作业”原则，确保现场工作安排有序，保证体系有效运转。

(5) 做实作业现场管控。公司建设部制定基建专业加强作业管控、提升作业规范性的工作方案，构建标准化作业的管控机制。参建单位严格落实“四个管住”工作要求，组织开展全流程的标准化作业。对实施人员严格把关，进场作业人员必须满足各项必备条件，在统一岗前培训考试中未达到合格标准的作业层班组骨干，一律不得上岗。

2. 综合施策，提升保障体系管控水平

(1) 抓前期，建优安全保障环境。“不抢工期抢前期”，安全管理关口前移，建管单位组织前期项目部深度参与项目前期、工程前期的可研与初设工作，做实现场查勘，从降低施工难度、压降风险等级、解决属地矛盾、办理合规手续、合理计列措施费用等维度，着力优化设计方案，保障工程开工后无障碍施工。参建单位强化前期策划，保障作业现场生产秩序有序、资源足额投入、应急能力到位。

（2）抓过程，夯实双重预防机制。公司建设部负责组织优化设计、施工、管理风险压降措施清单，深挖压降成效；抓实电网建设专业安委会专业管理，将双重预防机制与保障生产作业秩序的机制深度融合，提升管理质效。参建单位强化压降风险、过程管理、销号考核，提升全过程风险精益管控率；针对在建工程特点、季节性施工特点等组织阶段性隐患排查，及时消除事故隐患。

（3）抓技术，提升科技保安能力。公司建设部组织梳理创新工法固有风险，配套制定机械化施工典型工法和安全操作规程，强化新增风险点的识别、预控。建管单位牵头，推进机械化施工、装配式施工等创新工法的应用。施工单位加快施工技术升级，加快机械化施工专业班组建设，加强关键人员教育培训，保障创新工法应用全过程的安全性。各参建单位加强智能感知设备和数智化管控手段运用，创新异常工况预警、干预等管控手段，提升安全管控能力。

（4）树导向，激发安全管理活力。公司安监部、建设部树立正向激励机制，定期组织开展“无违章示范现场”“安全管理优秀项目部”“重大风险管控奖”“重大风险压降奖”“基建安全先进项目经理”“基建安全先进班组长”“安全管理先进个人”等评选活动，精准激励安全管理先进典型，形成争先创优，“人人讲安全、保安全”的良好氛围。

3. 严抓严管，提升监督体系管理质效

（1）加强安全管理队伍建设。加强现代建设安全管理队伍建设，公司安监部、建设部优化公司、建管单位两级安全保障、监督体系，培育各级基建值班监控与现场督查队伍，按照“1名值长+1名风险管控专责+N名远程稽查人员”模式配置专人，确定专用场所开展工程梳理、视频管控等风险值班工作，加强专业反违章，管住管好每一个作业单元。公司建设部组织建立公司、市州级单位两级基建监控值班管控体系并实体化运作，按照“评、算、核、查、判、提、跟”七步法开展工程梳理，通过“一看、三查、四预判”（看设计文件，查技术方案、风险作业、班组情况，预判可能存在的图省事走捷径、侥幸麻痹、无知蛮干、失去监管四类倾

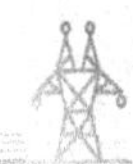

向），提前主动斩断事故链条。组织开展基建安全管理人员个性化订单式培训，培养现场安全管理“明白人”。建立公司级安全专家团队，培养专业过硬的安全“带头人”。

（2）打造全新管控机制。全面推进“主动式”安全管理，公司建设部组织建管单位常态化开展输变电工程风险梳理，督导跟踪管控“人、机、环、管”因素变化，切实发挥现场安全“吹哨人”作用；规范以“保安全”为目的的现场及远程安全检查，组织开展地市区域级交叉检查；组织公司级安全管理专家对参建单位开展帮扶指导式专项监督检查。

（3）强化过程评价考核。公司建设部严格执行安全目标和关键指标监测考核，每季度召开专业安委会会议，通报全过程风险管控率等指标情况，部署阶段性安全管理重点工作，组织开展月度安全质量和文明施工点评会议，通报施工过程中存在的问题，开展经验交流、问题分析和管控示范。建立外包单位、外包人员违章档案，严格落实定期通报、安全整顿、现场停工、重新准入、限制招投标等管控措施。开展反违章管理工作评价，深化各级基建远程监控中心稽查质效评价，发挥安全激励和约束作用，与现场稽查协同发力；发挥“指挥棒”作用，营造本质安全文化氛围。公司建设部组织全面总结近年安全管理实践经验，提高对电网安全事故规律的认识，着力打造强化保障、标本兼治、共建共治共享的本质安全文化。参建单位通过组织负责人“讲安全课”、优秀安全管理人员经验分享、违章人员“说清楚”等形式，加强安全文化宣传宣讲，让深化落实公司各项安全管理要求成为各级管理人员、现场作业人员的行为指南和行动自觉，形成责任落实、生产有序、措施到位、执行有力的良好安全氛围。

（六）项目全过程精益化管理提升工程

1. 优化项目管理工作组织

以前期工作为关键，协同全员参与，抓实前期、业主、监理、施工四大项目部管理，高质量推进项目全过程精益化管理。前期项目部为“保障单元”，负责落实建设和开工条件，建设阶段外部环境的协调，保障无障碍施工；业主项目部为“指挥单元”，统筹组织各环节、各专业、各参建单位形成合力，高效推动项目实施；监理项目部为“指挥单元”，协助业主项目部做好现场“四控二管一协调”（对工程质量、工程进度、工程造价、工程安全进行控制，对合同执行、文件处理进行管理，对各施工方的交叉施工等进行协调)；施工项目部为“作战单元”，落实施工管理主体责任，统筹各类施工资源，做好施工组织，高质量完成施工任务。

2. 发挥前期项目部保障作用

坚持“向前期工作要进度”“向前期工作要质量”。强化前期工作组织与技术方案把关，将主体主责前置，前期预判预控，前期工作各环节之间实行上下游融合机制，推动前期工作全流程精准管控。前期项目部为工作组织的责任主体，坚持内外沟通、专业协同、整体思维，落实立项、建设与开工三个条件，建立政企对接、联合查勘、成果把关三个机制，降低施工技术、环境协调、安全管控三个难度，保证相关单位及时取得各项审批手续，尽早取得核准，加快征地拆迁场平、塔基占地青赔交桩。前期工作柔性技术团队为前期工作的技术支撑主体，运行检修、施工、调度、物资、区县公司、属地政府等作为团队的重要成员，在前期项目部的组织指挥下，指导设计单位做好项目选址选线，做准设计方案。团队的参与部门或单位要勇于负责、敢于担当，履行好自己作为团队成员的主要责任。

3. 突出施工项目部的作战能力

施工项目部作为一线“作战单元”，是专业管理与项目管理责任落实的“最后一公里”，必须做到人员配置强、责任意识强、管控能力强，目标定位高、素质水平高、工作标准高，提升团队凝聚力、提升分包管控力、提升作战能力，实现“三强三高三提升”。施工单位严格落实项目部关键人员准入机制，配强项目经理，配齐关键人员，并常驻现场，明确项目部工作标准，签订目标任务责任状。项目部聚焦工程现场，加强分包队伍和施工装备管理，加强项目关键节点管控，强化工程现场安全、质量、进度、技术、造价管理等。依托“劳动竞赛”“优秀项目部评选”等活动，公司建设部组织开展施工项目部“作战能力”提升三年行动，切实提升一线“作战单元”的能力水平。

4. 提升业主、监理项目部的指挥能力

业主项目部以“统筹、监管、评价”为工作主线，充分发挥指挥作用，统筹好前期参与、物资管理、停电计划和各专业验收，监管好资源投入、作业计划与措施落实，对现场工作开展日评价，对队伍、作业计划、人员、现场进行监管。加强与运检、调控、物资、信通和计量等专业的横向协同，全面提升技术方案审查、验收投产等各阶段工作质量，指挥和带领参建单位共同推动项目协调高效、有序可控。监理项目部在业主项目部

的统筹下履行好监理职责，当好业主的“眼睛”“耳朵”和“嘴巴”，提升专业能力水平，充分赋权明责，强化责任考核与追究，重点解决“不会管”“不想管”“不能管”等虚化弱化问题，严格实施现场管控。

5. 贯通全过程进度计划管理

坚持将进度计划管理工作重心前移，融合前期全阶段工作，延伸项目进度计划管理范围，公司发展部、建设部科学合理编制并发布年度“四个一批”（储备一批、核准一批、开工一批、投产一批）工作节点计划表。建管单位根据进度计划、“四个一批”节点分解责任目标，明确责任人，制定管理措施，建立前期工作月度点评通报机制。四大项目部细化项目关键控制点，统筹各类资源，加强组织协调，刚性执行计划。全员推动项目各环节深度融合，实现统一化目标、合体化推进、一体化管理、整体化调度，提升进度计划管理工作质效。

（七）建设能力提升工程

1. 培养技术领先设计团队

设计是电网建设的龙头，要创新、思考、研发新能源供给消纳体系，认真研究贯彻新型电力系统建设的要求，在系统规划、设备选型、技术方案设计等方面始终遵循系统性与前瞻性的原则。

（1）加强设计队伍建设。坚持市场化机制优选设计队伍，助推设计队伍专业能力提升。一要搭好平台。基于新型电力系统、电网建设新形势新要求，公司建设部适时开展设计竞赛、设计评优、技术交流等活动，激发设计队伍的创新活力，释放其专业潜力；积极选派专家参与国网公司设计质量监督检查、技术交流等活动，开拓视野。二要抓好队伍建设。经研院协助公司建设部完善柔性团队专家库，广泛吸纳基建设计、施工队伍以及系统内外专家人才，建立技术带头人制度、专家共享机制，及时解决工程难点、堵点，开展科技项目攻关，在实战中培养和锻炼更多、更强的专家人才；依托经研院开展优秀设总（总设计工程师）、主设（主设计师）评选，加强设总能力提升培训。三要积极纾难解困。公司建设部协同产业发展部，深入开展座谈交流，引导省管产业设计单位建立健全人才引入和薪酬分配机制，打通主业与产业人才之间的交流通道，解决设计队伍进人难、骨干技术人员流动大的难题。

（2）强化设计质量提升。聚焦设计优化、差异化设计、标准化设计、设计深化、创新成果转化“五化”管理，着力提升设计质量和技术水平。一是充分发挥前期项目部作用。各建管单位从源头全面落实选址选线、建设条件，推进设计与施工专业互补，以是否降低“三个难度”（施工技术、环境协调、安全管控）作为设计方案评判标尺。二是加强评审专业管理。经研院开展勘察报告评审前置试点，创新勘察质量线上管理手段，夯实设计质量基础。三是严格设计质量考核标准。公司建设部协同发展部坚持季度设计质量分析，严格执行“驾照式”计分考核和“黑名单”制度，对重大设计质量问题追溯建管单位、评审单位责任。

2. 建设一流施工企业

（1）施工单位层面。一是贯彻施工单位“主建”、项目部“主战”的理念。送变电公司重点建设好“作战单元”施工项目部、培育好作业层班组、管理好分包商，积极探索 DB（设计—建造）模式，当好电网建设主力军。产业施工单位要充实人员、补充装备、升级管理。二是加强专业人员力量配置。通过现场岗位练兵与实操培训，培养综合素质过硬的项目经理，提升关键管控人员能力，组建机械化施工班组，大力推行机械化施工，实施数智化管控升级，实现人才、装备及管理“三提升”。公司产业部协同建设部出台产业施工单位能力提升指导意见，对产业施工单位的人员、装备、管理三项能力进行评价分级，按能力等级承接任务。

（2）施工项目部层面。一是优化项目部职责定位。明确施工项目部为项目建设的独立基础“作战单元”，充分赋权明责，落实项目部施工管理主体责任，参与分包队伍的选用、评价及考核等工作。施工单位应落实法人授权的项目经理责任制。二是强化项目经理管理。项目经理是施工项目部的核心，是项目实施的重要完成者，是项目安全、质量、进度、成本管理的直接责任人，施工单位应建立项目经理、后备项目经理库，加强项目经理考核，实现项目经理“能进能出”，实施项目经理竞聘上岗和“揭榜挂帅制”。三是优化激励机制。施工单位实行项目定额承包制，赋予项目经理参与组建项目团队、分配薪酬的权限，提升项目管理质效。同时配套建立考核机制，实行“多劳多得、多安全多得、多效益多得”，压实项目部目标考核，拉开各项目部之间的收入差距，设立专项奖励，精准激励项目经理、工作负责人等关键人员，打通责任链条“最后一公里”。四是强化项目保障。施工单位做实项目总体策划，加强项目执行过程中的监督与纠偏，优化项目物资、设备、工机具的集招集采集配制度，全方位做好

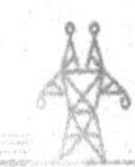

“人、财、物”各项要素资源保障。

（3）班组建设层面。施工单位聚焦线路“基础、组塔、架线”，变电“土建、电气、调试”，组建标准化、机械化、专业化班组，固化班组人员。送变电公司采用以培养自有班组为“基本盘”、外协班组为辅助的模式，先行先试、总结经验，并在省管产业施工单位中推广应用。一是实行自有班组定额承包制。实施施工任务与薪酬绩效挂钩的经营绩效机制，班组对盈余指标拥有合理分配权。二是实行设备主人制。机械设备使用班组为设备主人，需科学管理班组机械，合理组织设备的使用与维护，延长机械设备的寿命周期。对优秀班组的机械设备实行“冠名制”，提升班组凝聚力，弘扬班组文化。三是试行班组挂点制。明确一名四级领导人员、职员（工匠、专家）为班组挂点领导，负责对班组管理进行督导，促进班组建设。

（4）分包管理层面。施工单位切实坚持“少实强优”思路，严把分包入口关，加强分包商考察，狠抓分包单位及人员两级准入机制，对照“公司化、专业化”要求，评估分包商的施工能力，减量提质，建立核心分包队伍和人员库。一是注重分包队伍的精细管理。施工单位将分包单位内部管理要求纳入分包合同或框架协议，并对其提供针对性培训，引导其向精益化、专业化的高素质公司发展。二是抓实分包项目关键人员管控。施工单位抓实分包项目负责人等关键人员管理，将其所属分包商缴纳一年及以上社保作为准入条件，将关键人员70%以上的固定率作为分包商评价的重要依据。三是做实分包动态评价。对于分包商，施工单位严格执行项目评价、月度评价及年度评价，实施分包商承载力分析并与业务匹配挂钩，全面开展“交规式”计分、“两牌两单”管理，严格执行优胜劣汰和“黑名单”联动处罚等机制，推动分包商逐步认同、自觉融入施工单位管理制度及企业文化，实现“双赢”发展。

3. 打造高水平项目管理队伍

建设公司精益建管能力，深化“业主、监理一体化”优势，提升项目管理团队质效。市州公司建立向建设专业人才倾斜的机制，做实项目管理中心，锻造一支素质高、专业化强的项目管理队伍。公司建设部建立业主项目经理、关键管理人员分级评价机制，实现“能岗匹配”。建管单位全面推行“集成化作战、扁平化协调、一体化管控”工作模式，统筹参建单位形成合力。开展“日常化、小型化、实战化”现场培训，以培促学；建立标杆示范项目部选树机制，组织开展项目之间经验交流、观摩培训，促进管理队伍水平提升。

4. 打造高素质技经专业队伍

打造“三专三平台”高素质技经专业队伍发展体系。技经人员覆盖“省、市、县”公司，技经管理涵盖“估、概、预、结”全过程，按照“哪里有投资，哪里就有技经”的原则进行管控。以培养“三专”为目标，培育“专长型、专业型、专家型”技经人才，形成“阶梯培养、一专多能”的高素质技经专业培养模式。以构建“三平台”为手段，搭建建设部技经归口管理、各职能部门专业管理的平台，搭建湖南省电力建设定额站培训交流平台，搭建省级支撑保障机构研究创新平台，锻炼一支水平一流的技经专业人才队伍，高质量地为公司投资立项、项目管理和经营管理服务，推进技经管理迈入“专业化提升、标准化建设、数字化支撑”新阶段。

5. 强化党建引领保障作用

（1）公司层面，围绕现代建设管理体系建设，开展“党建＋电网建设工程”。①开展建设队伍提升行动，公司建设部协同工会组织各单位开展年度技能及班组建设竞赛，选树一批素质高、业务精、服务优的建设队伍；与协同部门、参建单位、属地政府建立联创共建机制，推动体系快速建设并高效运转。②开展转型升级行动，公司建设部组织各单位开展机械化施工、绿色建造示范样板工程创建活动，总结经验亮点，组织观摩学习，引领公司电网建设转型升级。③开展电网建设攻坚，围绕年度重点工作任务、专项活动及重点工程建设，公司建设部及各单位于年初制定年度策划，结合后期重点工作及重点工程进展情况，制定活动方案并组织实施。

（2）项目层面，各单位持续推进在建项目临时党支部标准化建设，深化“党员责任区”“党员示范岗”的创建，发挥党员先锋模范作用，针对重点工程堵点、难点，组织重点工程“共产党员突击队”专项攻关，实现创新创效。积极与工程属地单位开展“联学联创”活动，以党建促基建，优化工程建设环境，形成项目建设强大合力。

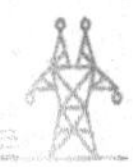

（八）建设环境保障提升工程

1. 融入“内外”两个工作治理体系

提高站位，转变思路，强化公司作为战略投资者与电力供应保障者的“双重身份”。市州公司紧扣前期工作的系统布局，围绕“布得准、落得下、送得出”目标，为提供电网规划编制、项目选址选线、审批手续办理等七大要素保障奠定基础。将电网建设环境要素保障作为市州、县级公司“一把手”的重点工作，推动纳入公司内部与各级地方政府常态化工作治理体系，促请各级政府成立由主要负责人任组长的电网建设领导小组，并成立工作专班，明晰专班成员的工作职责。

2. 建立分层分级协调调度机制

市州公司严格执行战略合作框架协议，特殊事项须履行审批程序；与各区县签订推进协议，促请各级政府出台支持性政策，将电网建设纳入营商环境优化范畴；内部建立市、县、所三级协调机制，明确责任主体、工作任务、目标时限，压实各级责任；促请政府“‘一把手’亲自挂帅、靠前指挥”，工作专班实体化运作，提升调度级别，加大协调力度，共同建立“每年一会商、每季一讲评、每月一调度、一月一督查、重大事项专项调度”工作机制。

3. 强化督查督办考核评价作用

公司每季度、年度对电网建设环境保障主体责任落实情况进行评价打分并点评通报，评分结果与电网建设投资挂钩，纳入企业负责人指标与同业对标考核。各市州公司要促请市委、市政府督查室加强跟踪督查，对领导小组安排的重点工作挂牌督办，定期通报工作进展情况；促请将电网建设环境保障纳入各级政府及职能部门绩效考核，重点考核要素保障情况及项目完成率。

（九）建设人才培养提升工程

1. 强化全员基础培训与实训

聚焦国家政策导向、行业技术路线、国网公司和本公司专业工作要求，公司建设部梳理新出台的法律法规、行业标准、制度文件，针对性开发培训课件，分层级、分专业、分时段组织开展全员专业知识培训，保障管理和技术新要求有效穿透落地。依托国网学堂、“e 基建 2.0”平台，组织开展“基建专业知识库”线上学习，规定达标学时，促进各层级人员不断加强专业知识学习。

依托公司基建技能实训基地，各参建单位对基建专业新入职、新从业人员开展技能实训，帮助其尽快掌握必备的安全保障和施工技能。对一线施工技能人员和作业层班组骨干人员，各参建单位常态化组织开展施工技能实训，传授新工艺、新工法、新装备操作技能，不断提升其施工技能等级，逐步培养一批基建领域的“蓝领工匠”。

公司建设部每年组织各单位开展专业竞技“比武”活动，优选技能水平高、敬业精神强的技能人才，授予公司“技术能手”“专业工匠”等荣誉称号。发扬“传帮带”优良传统，成立“工匠”工作室，组建团队承担技能工法改进研究，不断促进年轻技能人员成长成才，打通各级工匠培养通道。积极推荐工匠（工艺能手）参与国网公司组织的技能比武及工匠培训班，提升技能，逐步培养成国网公司级工匠。

2. 强化技术和管理骨干培养

各市州公司每年调剂2～5名专业人员从事基建岗位，并派至施工一线锻炼，加强基建人才培育。各市州产业施工单位每年选派1～2名青年骨干到送变电公司施工项目部挂职锻炼，提升其业务能力。公司建设部定期组织开展业主项目经理、施工项目经理分层分级培训，对其管理能力实行ABC等级测评与认定，建立管理能力与项目等级相匹配的机制，按分级匹配绩效系数；积极鼓励各单位制定持证津贴和职称激励措施，推动各类人员积极取证和参与职称评定，以“证岗合一”推动骨干人才快速成长。

公司建设部制定评审专家、设总、专业主设人考核评价标准，各单位定期开展人员考评，培养选拔设计专业带头人，营造进位争先氛围；鼓励设计人员积极参加注册执业资格考试，提升设计人员综合素质；公司建设部定期开展设计技术交流活动，适时组织开展设计竞赛和优秀设计评选活动，对设计顶尖人才授予“设计大师”等荣誉称号。

公司建设部牵头搭建施工技术交流平台，结合线上直播技术论坛、现场观摩学习、重大工程项目管理实践等手段，畅通人才成长通道；依托公司机械化施工推广中心和“郭达明劳模创新工作室”，组建技术骨干攻关团队，开展施工装备、技术标准、典型工法研究，形成一系列技术成果；依托工程开展实战技能竞赛，发掘培养一批工匠和技术能手。

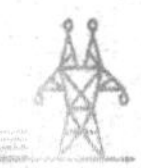

推荐优秀骨干人才赴国网公司或其他先进省（市）公司挂职锻炼、交流、实践。协同组织部建立建设公司与市州公司间业主项目经理挂职交流培养机制，推动市州公司业主项目经理管理能力提升。鼓励各单位建立内部各专业轮岗交流机制，建立基建施工、设计、建管等专业人才在各单位之间交流培养的机制，培育熟悉基建全流程管理的复合型优秀人才。

3. 加强高端人才培养与使用

公司建设部组织搭建基建专业技能、技术和管理专家（工匠）人才库、储备库，定期更新。建立全省范围内互联互通的人才共享共用机制，结合公司的管理、技术研究课题，从专家人才库和储备库中抽取人员组建团队，开展课题研究攻关，助力专家人才提升专业能力、丰富工作业绩，并优先推荐参加公司级领军专家和高级专家评选。积极推荐专家人才参与国网公司工作交流、专项检查等活动，提升其在国网系统的话语权和竞争力，不断培养入选国网公司基建高级专家库人才；每年组织各单位重点培养的优秀专家人才参加高级培训班，逐步培养成国网公司基建专业技能类首席专家。

组织开展以公司领军专家为主，由公司高级专家、青年托举人才、工匠共同参与的“专家讲坛”活动，围绕管理创新、技术创新等方面，为公司基建专业专家人才搭建展示创新成果、加强技术交流的舞台，充分调动各级专家人才创新创效的积极性。吸纳基建专业公司级和地市公司级专家人才，组建政策研究、本质安全管理两个“智库”，常态化开展项目建设和本质安全管理政策研究、管理创新、技术创新工作，为专家人才搭建引领专业发展、展现个人能力的平台。

4. 强化人才培养多元化激励

大力开展业主项目经理、施工项目经理和班组长培优三年行动，通过三年的时间培养与选树 30 名“金牌施工项目经理”、30 名“卓越业主项目经理”、60 名“五星施工班长”，实现“336”人才培育战略目标。公司建设部各个专业根据管理要求培养与选树“专业能手”。公司人资部指导各单位健全相应的评先、薪酬、晋升等激励机制，激发技能人员、专业技术人员和管理骨干人员争先进位的动力；健全向基建一线人员、完成“急难险重”任务人员倾斜的薪酬分配机制，鼓励各单位积极探索团队激励、抢单制、岗位聘任制等多元化分配方式。

（十）建设合规管理提升工程

1. 加强业务廉政风险排查

公司建设部会同法律部、纪委办建立基建业务廉政风险排查和报告机制。各单位建立各岗位合规、廉政风险责任清单，按照“一项目一清单一评价”模式，压紧压实压准各方职责，促进合规审查、廉政建设嵌入公司全业务流程，实现关键节点合规、廉政要求全覆盖。

2. 加强审批手续合规管理

参建单位抓好过程关键节点管控，规范开展各项建设工程，依法合规推进土地征收与补偿、青苗与地面附着物补偿等工作，严控未批先建、非法占地、违法转包分包等行为。公司产业部开展省管产业输变电工程分包专项治理，严控企业超承载力承揽工程，提升产业单位风险防控能力。建管单位严格落实主电网工程技经和审计“六协同”管理要求，依法合规开展工程建设。

3. 加强环保水保合规管理

公司建设部持续完善环保水保制度。公司各专业部门和单位围绕规划选址、可研设计、建设施工、生产运行、设备退役等关键环节，重点规避环境影响和违规风险，完善风险防范措施，严防建设项目出现“未验先投”“带病验收”“久拖不验”等问题，严控建设阶段的生态环境破坏、水土流失以及运行阶段环境因子超标、废弃物处置不规范等法律合规风险。

4. 加强劳动用工合规管理

关注劳动关系各方利益诉求，排查由管理不规范引发的违法违规问题，参建单位贯彻执行国务院和国网公司关于保障进城务工人员工资支付相关要求，严格执行进城务工人员工资“五制”支付管理规定，确保进城务工人员工资及时足额支付，防范分包单位（商）拖欠进城务工人员工资引发舆情事件。

5. 常态化开展廉政合规督导

公司建设部会同法律部、纪委办对违规、违纪事件频发的单位进行调研及帮扶，切实指导、帮助被督导单位整改提升。相关单位做好问题整改“后半篇文章”，围绕责任部门是否明确、整改措施是否有效、责任追究是否合理、长效机制是否建立等，强化溯源管理、源头治理。

五、实施保障

（一）高度重视，加强组织领导

系统地梳理公司基建管理工作，是当前基建改革、管理提升的指导手册。公司成立领导小组和工作小组（办公室挂靠建设部），统筹抓好现代建设管理体系建设各项工作，加强督查督办及考核，确保体系建设目标的实现。公司相关部门、单位要高度重视，按照本方案的职责分工及要求，成立相应的领导机构和工作组织，主要领导亲自抓，分管领导具体抓，强化体系建设的组织领导，细化职责分工，全面推进体系建设工作。

（二）明确节点，有序推进建设

公司相关部门按照职责分工要求，围绕现代建设管理体系建设，建立协同工作机制。相关直属单位、各市州公司按照体系建设要求，结合自身实际情况，高质量地编制本单位现代建设管理体系建设实施方案，并履行决策程序后实施。相关部门和单位要坚定体系建设目标，根据体系建设要求分解工作任务和节点，进一步细化时间表、路线图、任务书，“挂图作战”，有序推进体系建设。

（三）分工协作，强化过程管控

充分发挥各层级、各部门、各参建单位的作用，建立分工协作机制，责任到人，抓好落实，确保公司上下以及各专业间形成合力。强化体系建设保障，坚持将人才培养作为第一关键要素，相关单位专业部门要协同人资等部门搭好平台、建好机制，树立基建人才争先创优、岗位晋升的鲜明导向。要牢牢抓实四大项目部建设，强化分包队伍管控，将基建专业管理要求渗透到基层、到一线、到现场。紧紧围绕实施方案和计划，强化执行过程管控，以“顺机制、补短板”为重点，以“抓落实、促提升”为方向，全过程管控体系建设进度和质量。

（四）创新示范，高效推进落地

“一个责任体系”是组织保障，“三个转型升级”是发展方向，“六项提升工程”是重点举措，“一个平台”是桥梁纽带，“一个关键”是落地“最后一公里”。各单位要充分调动各级管理人员的积极性，鼓励大胆创新、主动作为，可以采取部分试点、创新示范、全面推进等方式加快现代建设管理体系建设。公司将选取建设成效显著的单位召开现场会，树立典型示范，形成可复制、可推广的经验，加强学习交流，相互促进提升，高质量完成体系建设任务。

下编

现代建设管理体系配套指导意见

国网湖南省电力有限公司
关于机械化作业模式转型工作的指导意见

为贯彻国网公司基建“六精四化”战略思路，落实全过程覆盖、全地形适应、全天候可用（“三全”）的机械化施工技术要求，进一步完善机械化施工配套体系，全力推进“机械化代人”，助力构建现代建设管理体系，推动公司基建战线转变传统观念，抓好建设管理模式和现场作业方式转型，安全、优质、高效地推进电网建设，特制定本指导意见。

一、工作背景

2020 年以来，公司大力推进机械化施工创新，通过长沙惠科 220 千伏线路、鲤鱼江 500 千伏线路等项目应用，公司的机械化施工水平得到显著提升，为进一步向机械化施工转型升级打下了坚实的基础。2023 年，国网公司印发《国家电网有限公司关于在输变电工程建设中全面推进机械化施工的实施意见》，公司建设部系统分析了本公司在机械化施工方面面临的形势和存在的问题，科学地提出了机械化施工转型升级方案，针对性地制定了重点任务和下一步工作方向。

二、工作思路

以现代建设管理体系为引领，坚持机械化施工“组织、技术、装备、应用”四个体系建设，紧紧围绕“管理创新、装备研发、队伍建设、推广应用”四大方向，全专业、全过程、全地域、全链条、全方位抓好机械化施工，持续提升电网建设机械化施工水平，推动基建管理和工程建设能力再上新台阶。

（一）总体目标

1. 形成“三全”装备应用体系

联合国内制造强企，建立机械装备研发合作机制，深入调研分析机械

化施工的痛点、难点，重点突破山地硬岩成孔、复杂条件跨越、变电站预制件智能化安装等机械化施工应用难题，建立健全适用于湖南地区的全过程覆盖、全地形适应、全天候可用的装备体系。依法合规购置专用施工装备，建立机械装备租赁平台、监测平台，统筹装备管理，满足省内施工需求。

2. 打造“流水线”作业新模式

持续推动思想观念向机械化转变，建造方式向机械化施工前进，现场作业向“机械化换人”推进。创新机械化施工组织管理模式，并依托洞庭—益阳东500千伏线路等示范工程建设，培育机械化施工专业班组，形成“流水线”作业新模式，贯彻新理念，寻求新突破，总结新成效，推广新做法，引领输变电工程机械化施工水平持续提升。

3. 实现机械化施工应用率目标

根据国网公司2023版机械化施工评价办法，坚持“应用尽用”的原则，确立本公司机械化施工应用率目标：2023年，线路工程整体机械化应用率不低于75%，变电工程、电缆工程整体机械化应用率不低于80%；2024年，线路工程整体机械化应用率不低于85%，变电工程、电缆工程整体机械化应用率不低于85%；2025年，线路工程整体机械化应用率不低于90%，变电工程、电缆工程整体机械化应用率不低于95%。

（二）提升方向

1. 管理机制创新

健全技术创新机制，系统开展技术创新，严格管控设计质量，实现机械化施工设计技术引领；健全安全风险管控机制，从设计源头上降风险，从工法创新上降风险；健全造价协同修编机制，常态化跟踪新装备现场使用情况，收集相关成本数据，建立适应新模式的造价体系；健全队伍培育机制，推进机械化施工自有专业班组建设。

2. 装备研发攻坚

建立多元化合作机制，坚持“实用化、系列化、模块化、小型化、电动化、智能化”原则，聚焦线路、全装配式变电站、电缆安装机械化施工等关键技术，针对硬岩成孔、跨越施工、高空作业、变电站泥泞松软场地运输和狭小空间吊装、变电预制件装配施工、动力电缆敷设、电动化改造等难题，分阶段重点突破。研制智能化机械装备，逐步实现远程操控、智能化无人操控，形成电网建设专用系列装备，提高施工效率。

3. 专业队伍建设

加强机械化班组建设，明确工程施工比例，并列入公司重点管控范围。组建机械化推广中心，对机械化施工项目进行现场督导和考核评价。建管、设计及施工单位分别组建机械化施工工作专班，并对班组成员进行技能培训。建立机械化施工外部专家库，在机械化施工技术、装备等方面提供信息指引和智力支持。

4. 推广应用落地

将机械化施工应用要求纳入设计、施工、监理合同管理范围，重点对线路机械化施工情况进行考核，并逐步完善变电、电缆机械化考核机制，提升设计、施工单位现场机械化施工水平。开展机械化施工设计竞赛、技能竞赛，以及现场观摩交流活动，通过示范工程建设，提升机械化施工的组织能力和实战水平。

三、工作组织及职责分工

（一）建立工作组

为了更好地支撑现代建设管理体系领导小组，特成立机械化作业转型工作办公室，办公室设在建设部，由建设部主任兼任工作办公室主任，具体负责落实领导小组的决策部署。

工作办公室下设创新研发组、设计技术组、技经造价组、推广应用组，具体开展相关工作。

1. 创新研发组

组长：建设部分管负责人。

成员：建设部技术处、科数部有关处室负责人，建设公司、经研院、送变电公司有关部门负责人及相关人员。

主要职责：负责公司机械化施工攻关团队的日常管理；负责制定机械化施工装备研发年度计划，并组织优选申报立项；负责组织开展施工装备创新研发，对创新装备持续改进升级；负责指导新型装备现场试用；负责牵头与装备制造厂家对接创新研发有关工作；负责成果转化及申报奖项。

2. 设计技术组

组长：建设部分管负责人。

成员：建设部技术处、发展部有关处室负责人，经研院设计、评审有关负责人，省电力设计院、科鑫设计院、华晨设计院、省送变电设计院有关负责人，各市（州）设计院有关负责人。

主要职责：负责组织开展机械化施工标准化设计，形成标准化系列成果；负责组织开展机械化施工技术创新研究，持续提升机械化施工应用率；负责组织开展设计技术培训及设计竞赛；负责组织开展设计质量成效监督检查。

3. 技经造价组

组长：建设部分管负责人。

成员：建设部技经处负责人，经研院、建设公司、送变电公司有关部门负责人及相关人员。

主要职责：负责公司机械化施工计价体系研究团队的日常管理；负责制定机械化施工计价体系研究的年度计划；负责指导开展施工装备工效的实测实量、数据分析，持续跟进由施工装备改进升级引起的工效变化，组织开展配套计价标准研究，指导研究成果的推广应用。

4. 推广应用组

组长：建设部分管负责人。

成员：建设部建设处、安质处、计评处负责人，送变电公司有关部门负责人，建设公司有关分公司负责人，各市（州）公司建设部、项目管理中心有关负责人。

主要职责：负责组织新型装备现场试点应用，提供现场应用技术指导，指导提炼与完善机械化施工工法，开展机械化施工技能与劳动竞赛，组织机械化施工观摩会。

（二）职责分工

1. 公司本部相关部门

建设部负责机械化施工转型升级工作，完善相关制度，协调各部门和单位具体开展转型有关工作，落实机械化施工应用培训，通报机械化施工转型情况；发展部负责将机械化施工要求纳入可行性研究；人资部负责机械化施工管理机构调整、人才培养、人员薪酬激励工作；科数部负责机械化施工科技创新项目及成果转化管理；物资部负责制定机械化施工配套物资供应策略；安监部负责监督检查机械化施工安全管理；工会负责牵头开展机械化施工劳动竞赛；产业部负责监督指导产业单位开展机械化施工，组织相关培训，通报机械化应用情况。

2. 市（州）公司及相关支撑单位

各市（州）公司建设部应设置机械化施工专责岗位，组建本单位机械化转型升级工作专班，保障区域范围内的机械化施工顺利开展。产业公司负责组织开展机械化施工，培育自有专业班组。

建设公司：组建本单位机械化转型升级工作专班，制定机械化施工转型升级实施细则，负责所辖项目前期、工程前期机械化施工管理，落实建设过程中机械化施工的管理职责。

经研院：组建本单位机械化转型升级工作专班，负责开展机械化施工技术和经济性研究，负责在设计评审中对机械化施工装备使用及应用率指标进行把关。

送变电公司：组建本单位机械化转型升级工作专班，负责机械化施工科技创新、技术创新、装备创新、科技成果孵化及应用工作，负责机械化施工推广中心的日常管理，负责机械化施工工法创新、研究，新型装备试点应用以及机械化施工专业设计的技术支撑。

四、重点工作任务

为进一步提升机械化施工水平，推动机械化施工转型升级，本公司特制定了八个方面29条重点任务，具体如下。

（一）深化全过程策划

1. 强化前期策划

建管单位组建前期项目部，并按照“应用尽用”的总体要求，统筹开展机械化施工管理前期策划，从变电站选址、线路路径规划、压降风险、设备进场、费用估算、环保水保等方面全面落实机械化施工要求。（责任部门：发展部、建设部）

2. 细化专项设计

抓实工程勘测，为公司向机械化施工转型提供重要支撑。在初步设计

阶段编制机械化施工设计专题报告，在施工图设计阶段编制机械化施工专项设计卷册，严格落实机械化应用率目标。(责任部门：建设部)

3. 强化评审把关

将机械化施工专题设计纳入评审要点，在初设评审阶段，执行机械化应用率不达标“挡出制”；在施工图评审阶段，重点审查机械化施工专项设计卷册内容，落实设计单基策划，确保方案可实施。(责任单位：经研院、评审单位)

4. 强化工程策划

开工前，建管、监理、施工单位分别在《建设管理纲要》《监理规划》《项目管理实施规划》中编制机械化施工策划专章，明确管理要求。监理、施工项目部应分别在监理实施细则、单基策划方案中制定有针对性的机械化施工监理、施工措施。严格执行机械化施工道路修筑、修复及施工装备管理 27 条(《国网湖南电力建设部关于印发输变电工程机械化施工道路修筑、修复及施工装备规范管理 27 条的通知》)的要求。(责任单位：建管单位、监理单位、施工单位)

5. 强化单基策划

开工前，施工单位开展现场调查时，应重点调查机械化施工进场道路、塔基地质、临时占地等情况，并根据现场实际情况，分工序科学合理地选择施工机械，编制准确翔实的施工单基策划，对不能进行机械化施工的桩位执行“单基放行”。(责任单位：施工单位)

6. 打造作业新模式

施工单位将线路工程“基础、组塔、架线”三大工序分解为若干小班组，平行搭接施工，形成机械化施工“流水线”作业新模式。建管、施工单位利用“e 基建 2.0”、数字电子沙盘等应用统筹安排、协调，确保“流水线”作业紧凑有序。(责任单位：施工单位、建管单位)

(二) 规范研发创新及装备管理

1. 完善装备系列

立足于机械化施工装备系列化，满足各个电压等级施工需求，推进恶劣环境及有限空间、近电等高风险人工作业的机械化替代；推进模块化拆分与便捷化组装，满足特殊地形下的机械化作业需求；推进施工装备的电动化、智能化，提升本质安全和建设效率。装备研发计划见附件 1。(任

部门：建设部）

2. 创新研发机制

联合高校及装备制造强企建立机械化施工“产学研用”攻关合作机制，组织参加公司科技专项“赛马”项目，力争每年有3个以上课题立项，同时积极争取国网公司科技指南项目；在项目前期可行性研究阶段，针对工程施工难点，开展重大项目攻关，计列相关费用。通过采购、研发的方式建立市场化合作模式，充分调动社会资源。（责任部门：建设部、发展部）

3. 建立装备租赁平台

依托公司装备物资储备中心，建立机械化施工装备租赁平台，满足省内工程应用需求。平台提供大型装备专业机手及维保服务，确保现场施工装备安全可靠。（责任单位：送变电公司）

4. 搭建智慧工地装备一体化管理平台

利用人工智能等数字化技术，建立机械设备智能监测平台，实现可视化、数字化管控，实时监测设备基本信息、实时位置、施工状态、工作时长、维保记录、备件更换记录、人机匹配等关键信息。（责任部门：建设部）

5. 深化设计创新

开展线路工程环保基础设计研究，完善微型桩、螺旋锚基础、预应力高强混凝土（the prestressed high-intensity concrete，PHC）预制桩桩基础等基础设计方案。推进变电站装配式设计技术研究和应用，研发变电站建筑物装配式预制屋面和装配式基础设计技术。开展预制电缆排管、电力隧道等预制新技术试点应用。（责任单位：设计单位）

（三）加大推广应用

1. 推动新装备试点应用

依托机械化示范工程，开展新装备试点应用，优先安排机械化自有班组进行多场景、多工况试点，合理计列新装备试点应用费用。跟踪现场试用情况，分析存在的问题，不断改进、优化、升级，提升装备“实战”水平。（责任部门/单位：建设部、送变电公司）

2. 加强技术交流

组织开展机械化施工组塔实战技能竞赛，省内施工单位全面覆盖，实

现“以赛促培、以赛促用”。组织机械化施工现场观摩，通过现场直观感受、技术研讨等方式提升专业人员对机械化施工的认知度。开展省内机械化施工新装备应用直播，利用信息化手段加强推广普及。（责任部门/单位：建设部、送变电公司）

3. 建设示范工程

明确机械化施工重点管控项目，积极申报国网公司机械化施工示范工程项目，围绕提高机械化施工应用率、创新装备及工法应用、建设管理创新、施工组织创新等方面开展示范建设，公司建设部定期组织对示范工程进展情况进行检查、通报。示范工程项目清单见附件2、附件3。（责任部门/单位：建设部、建管单位、送变电公司）

（四）做好成果总结与转化

1. 强化成果提炼

联合高校及装备制造企业组建柔性团队，进行课题攻关，及时归纳总结技术成果，形成专利、工法、标准及专业论文。每年申报管理创新成果1项，申报省部级科技进步奖1项，力争国网公司创新成果一等奖。（责任部门/单位：科数部、建设部、送变电公司）

2. 加强成果转化

依托公司双创中心成果转化政策支撑，发挥送变电公司机械化施工装备自研发、自应用良性循环创新的潜力，坚持“储备一批、研发一批、成熟一批、推广一批”，激发合作制造企业的研发热情。（责任部门：科数部、建设部）

（五）贯彻绿色机械化施工

1. 严格落实环保水保管理要求

牢固树立“先控后治”的管理思路，明确环保水保植被恢复相关工作要求及标准。编制环评、水保报告时要充分考虑机械化施工的影响因素，设计单位严格落实环评、水保报告相关要求，进一步加强工程建设期间环保水保管控；建设管理单位委托专业机构制定工程环保水保预控和单基治理措施，并督促施工单位在现场严格执行到位。（责任部门/单位：建设部、建管单位）

2. 加强环保水保督查

电科院、建管单位分级开展施工作业点环保水保监督检查和通报，充分运用“卫星遥感+无人机”技术，对机械化施工作业现场进行监督、监测。电科院每半年覆盖所有建管单位，每年覆盖30%以上在建项目；建管单位每季度至少开展一次监督检查，覆盖所有在建项目。（责任部门/单位：建设部、电科院、建管单位）

（六）强化队伍建设

1. 组建创新团队

依托公司机械化施工攻关团队，搭建创新平台，持续开展创新攻坚，分类分层级组建创新管理、装备研发、新型设备推广等柔性团队，明确团队年度工作目标，每季度末月召开季度总结会，日常不定期组织专项创新研讨会。省建设公司、省经研院、省送变电公司要做好支撑保障工作，成立专班，开展专项工作。（责任部门/单位：建设部、省建设公司、省经研院、送变电公司、建管单位）

2. 做实推广中心

发挥省机械化施工推广中心的专业支撑作用，参与省内新建输变电工程及规模以上线路工程的设计评审工作，牵头开展装备创新研发及推广应用，为全省范围内的机械化施工现场做好技术服务；增加项目管理职能，研究基于机械化施工的项目部管理和技经结算模式。（责任部门/单位：建设部、送变电公司）

3. 打造专业班组

聚焦线路“基础、组塔、架线”、变电“土建、电气、调试”以及“电缆”机械化自有班组建设，送变电公司组建数量不少于30个，各市（州）公司组建不少于1个，培养一批熟练掌握机械化施工工法应用的技能型人才。（责任单位：送变电公司、产业公司）

4. 培育新产业工人

以基建转型为契机，推动现场作业人员由进城务工人员向产业工人转型，着力提升产业工人的现场履职能力、操作技能、安全管控及自我防护意识。运用数字化技术构建“新产业工人管理系统”及“新产业工人培训系统”，健全产业工人监督评价、信用评价体系。（责任部门：人资部）

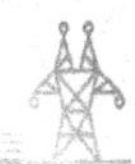

（七）强化应用保障措施

1. 强化安全保障措施

严格规范施工装备准入，新装备应经中国电力科学院验收合格后方可现场试用，并同步制定配套安全操作规程。严格执行人员持证上岗制度，机械操作手应在专业机构培训合格后方可持证上岗，严禁无证或持假证人员操作施工机械。创新安全管理手段，业主项目部运用远程视频监控系统及智慧工地设备一体化平台，提升安全检查效率。（责任部门：建设部、安监部）

2. 强化物资保障措施

物资公司、建管单位应结合机械化施工的特点及时确认物资供应时间节点，加强履约过程督导，确保物资供应进度满足机械化“流水线”进度需求。按工程开工前1个月铁塔定标、开工后1个月架线物资定标的原则进行管控。加强过程协调，定期组织物资供应协调会，做到甲供物资适量提前到位，避免发生“施工等物资”的情况。（责任部门/单位：物资部、建管单位）

3. 强化造价保障措施

开展新型机械化施工装备补充定额研究，不断优化完善概预算编制指导意见。严格落实机械化施工应用率考核。针对机械化施工推广过程中出现的主要问题和突出矛盾，研究提出解决方案。（责任部门：建设部）

4. 强化属地保障措施

针对机械化施工的特点，属地公司对设计阶段线路路径和实施方案提出意见，合理避让地方协调难点，优化设计方案。统一对外协调口径，为“无障碍”机械化施工铺平道路。[责任单位：各市（州）公司]

（八）加强考核评价

1. 强化指标考核

将机械化施工应用纳入市（州）公司同业对标指标体系考核范畴。公司建设部每月调度会进行机械化应用点评，每季度发布应用率考核通报，总结应用成效，提出改进措施。（责任部门：建设部）

2. 强化合同管理

将机械化施工应用率要求纳入设计、施工、监理合同管理范畴。在招投标时，重点审核施工单位的业绩、施工装备配置等方面内容。签订合同时，明确机械化应用率基准指标，单列合同价款2%进行考核，督促施工单位提高机械化应用水平。（责任单位：建管单位）

3. 强化过程评价

建管单位应对所辖项目的机械化施工情况开展阶段性验收评价，分部工程转序验收时对已完成工程进行评价，及时发现应用率不达标的情况，督促施工单位进行纠偏。（责任单位：建管单位）

五、工作要求

（一）加强领导

各单位要高度重视机械化施工实施方案的编制工作，加强机械化推广的组织领导，建立研究机制和保障措施，合理分配资源，推动创新工作顺利进行，确保机械化施工应用率全面提升。

（二）加强总结

各单位要加强经验总结，使在设备使用、工法创新、属地协调等方面的成果做到成熟一批、总结一批、推广一批，公司定期通报机械化提升工作成效，共享信息，高效推进。

（三）确保成效

公司每年至少召开一次机械化施工现场观摩推进会，通过装备的持续创新研发、相关配套措施的落地见效，引领机械化施工水平持续提升。

附件：

1. 机械化施工技术创新及应用实施计划
2. 2023年创建国网公司级机械化施工示范工程项目清单
3. 2023年创建省公司级机械化施工示范工程项目清单

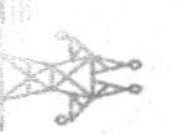

附件 1

机械化施工技术创新及应用实施计划

序号	名称	适用工序	项目进展
1	电建钻机	基础	已完成/推广应用
2	入岩电建钻机	基础	已完成/试点应用
3	履带式电建起重机	组塔	已完成/推广应用
4	轻型智能化落地摇臂抱杆	组塔	已完成/推广应用
5	电建塔吊	组塔	已完成/试点应用
6	摇臂抱杆集控操作系统	组塔	已完成/试点应用
7	直线接续管压接一体化平台	架线	已完成/试点应用
8	窄轨履带运输车	运输	已完成/推广应用
9	南方地区输电线路工程机械化施工计价体系研究	/	在研
10	机械化施工桩锚基础关键技术研究	基础	在研
11	移动式搅拌站	基础	在研
12	山地模块化微型钻机	基础	在研
13	轻型履带式电建起重机	组塔	在研
14	电建多功能作业车变电预制件智能装配车	组塔	在研
15	螺栓紧固机器人	组塔	在研
16	可视化智能集控牵张设备	架线	在研
17	“三跨”快速封网装置	架线	在研
18	间隔棒安装机器人设备	架线	在研
19	山地智能化接地施工成套装置	接地	在研

附件2

2023 年创建国网公司级机械化施工示范工程项目清单

序号	项目名称	电压等级（千伏）	分类（变电站、线路、电缆）	工程规模	机械化率目标	计划开工日期	计划投产时间
1	洞庭—益阳东 500 千伏线路工程	500	线路	121.2 千米	95%	2022 年 11 月	2023 年 9 月
2	雁城—郴州东 500 千伏线路工程	500	线路	128 千米	85%	2022 年 11 月	2024 年 3 月
3	株洲西 500 千伏线路工程	500	线路	49.89 千米	90%	2023 年 8 月	2024 年 6 月
4	长沙浏阳变—丛塘变双回 220 千伏线路工程	220	线路	45.6 千米	85%	2023 年 5 月	2024 年 5 月
5	朝阳—大塘冲Ⅰ线 π 入井星（攸县南）220 千伏线路工程	220	线路	29.6 千米	85%	2022 年 10 月	2023 年 11 月
6	岳阳临湘东 220 千伏变电站新建工程	220	变电站	18 万千伏安	90%	2023 年 9 月	2024 年 12 月
7	胜利变—泉湖变 110 千伏线路工程	110	线路	18 千米	90%	2023 年 6 月	2024 年 6 月

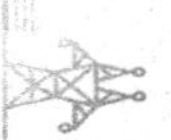

附件3

2023 年创建省公司级机械化施工示范工程项目清单

序号	建管单位/项目名称	电压等级（千伏）	建设性质	建设规模（千米/万千伏安）			建设过程		建管单位
				架空	电缆	变电	开工日期	投产日期	
1	湖南张家界 500 千伏输变电工程	500	新建	180.60		150	2021 年 12 月 30 日	2024 年 5 月 20 日	建设公司
2	湖南益阳东 500 千伏输变电工程	500	新建	15.80		100	2022 年 9 月 30 日	2023 年 9 月 30 日	建设公司
3	湖南洞庭 500 千伏输变电工程	500	新建	121.20		100	2022 年 9 月 30 日	2023 年 9 月 30 日	建设公司
4	湖南雁城—郴州东 500 千伏线路工程	500	新建	128.00			2022 年 11 月 20 日	2024 年 3 月 15 日	建设公司
5	湖南常德石门电厂三期 500 千伏送出工程	500	新建	35.00			2023 年 11 月 30 日	2025 年 3 月 30 日	建设公司
6	湖南益阳电厂三期 500 千伏送出工程	500	新建	14.50			2023 年 6 月 30 日	2024 年 5 月 30 日	建设公司
7	湖南华银株洲新厂 500 千伏送出工程	500	新建	25.90			2023 年 10 月 20 日	2024 年 12 月 30 日	建设公司
8	湖南株洲西 500 千伏输变电工程	500	新建	51.00		200	2023 年 5 月 30 日	2024 年 6 月 30 日	建设公司

续上表

序号	建管单位/项目名称	电压等级（千伏）	建设性质	建设规模（千米/万千伏安）			建设过程		建管单位
				架空	电缆	变电	开工日期	投产日期	
9	湖南古亭—雁城第二回500千伏线路工程	500	新建	123.40			2023年8月30日	2024年11月30日	建设公司
10	湖南民丰—南岸第三回500千伏线路工程	500	新建	47.60			2023年7月20日	2024年6月30日	建设公司
11	湖南衡阳衡阳西500千伏变电站220千伏送出工程	220	新建	53.10			2022年10月30日	2023年9月30日	建设公司
12	湖南益阳益阳东500千伏变电站220千伏送出工程	220	新建	69.00	0.41		2022年10月30日	2023年11月20日	建设公司
13	湖南益阳洞庭500千伏变电站220千伏送出工程	220	新建	113.90			2022年10月30日	2023年12月10日	建设公司
14	湖南张家界500千伏变电站220千伏送出工程	220	新建	98.50			2022年6月30日	2024年6月30日	建设公司
15	湖南株洲株洲西500千伏变电站220千伏送出工程	220	新建	78.85	0.31		2023年8月20日	2024年10月30日	建设公司
16	湖南邵阳邵阳东500千伏变电站220千伏送出工程	220	新建	97.40			2023年10月1日	2024年11月20日	建设公司
17	湖南长沙大瑶220千伏输变电工程	220	新建	60.79		24	2022年12月30日	2024年5月30日	长沙公司

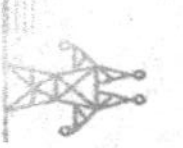

续上表

序号	建管单位/项目名称	电压等级（千伏）	建设性质	建设规模（千米/万千伏安）			建设过程		建管单位
				架空	电缆	变电	开工日期	投产日期	
18	湖南长沙浏阳变—丛塘变双回220千伏线路工程	220	新建	45.60	0.32		2023年5月30日	2024年5月20日	长沙公司
19	湖南株洲井星（攸县南）220千伏输变电工程	220	新建	35.80		18	2022年10月25日	2023年11月30日	株洲公司
20	湖南衡阳衡东燃机220千伏送出工程	220	新建	31.90			2023年5月30日	2024年6月30日	衡阳公司
21	湖南常德石门电厂三期220千伏送出工程	220	新建	70.50			2023年7月30日	2024年8月30日	常德公司
22	湖南岳阳临湘东220千伏输变电工程	220	新建	60.00		24	2023年9月30日	2024年11月30日	岳阳公司
23	湖南岳阳湘阴燃机220千伏送出工程	220	新建	40.23			2023年12月30日	2025年9月30日	岳阳公司
24	湖南娄底工业园—永丰220千伏线路工程	220	新建	49.26			2022年9月30日	2023年11月30日	娄底公司
25	湖南益阳代家洲220千伏输变电工程	220	新建	52.80	0.435	24	2023年6月30日	2024年6月30	益阳公司
26	湖南邵阳洞口城北220千伏输变电工程	220	新建	34.90		18	2023年10月30日	2024年12月30日	邵阳公司

续上表

序号	建管单位/项目名称	电压等级（千伏）	建设性质	建设规模（千米/万千伏安）			建设过程		建管单位
				架空	电缆	变电	开工日期	投产日期	
27	湖南永州紫霞—女书220千伏线路工程	220	新建	77.70			2023年3月30日	2024年4月30日	永州公司
28	湖南株洲攸县明月110千伏输变电工程	110	新建	34.60		5	2023年9月30日	2024年7月30日	株洲公司
29	湖南湘潭湘乡翻江110千伏输变电工程	110	新建	18.40	0.41	5	2023年11月30日	2024年11月30日	湘潭公司
30	湖南衡阳祁东彭家湾—太和堂110千伏线路工程	110	新建	32.90			2022年10月20日	2023年10月30日	衡阳公司
31	湖南岳阳平江木瓜110千伏输变电工程	110	新建	48.00		5	2023年9月30日	2024年12月30日	岳阳公司
32	湖南娄底涟源涟源北220千伏变电站110千伏送出工程	110	新建	56.00			2023年11月30日	2025年1月30日	娄底公司
33	湖南益阳赫山区代家洲220千伏变电站110千伏送出工程	110	新建	34.20	0.43		2023年5月30日	2024年7月30日	益阳公司
34	湖南邵阳隆回隆回北220千伏变电站110千伏送出工程	110	新建	63.30			2022年11月30日	2023年10月30日	邵阳公司

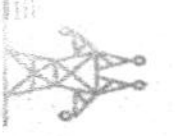

续上表

序号	建管单位/项目名称	电压等级（千伏）	建设性质	建设规模（千米/万千伏安）			建设过程		建管单位
				架空	电缆	变电	开工日期	投产日期	
35	湖南郴州桂阳上雷110千伏输变电工程	110	新建	5.30	0.17		2022年11月30日	2023年11月30日	郴州公司
36	湖南永州宁远县太平110千伏输变电工程	110	新建	32.00		5	2023年9月30日	2024年10月30日	永州公司
37	湖南怀化新晃县110千伏网络优化调整工程	110	新建	31.70			2023年5月30日	2024年1月30日	怀化公司
38	湖南张家界朝阳—零溪（燕子桥）110千伏线路工程	110	新建	22.10			2023年7月20日	2024年6月20日	张家界公司
39	湖南湘西永顺芙蓉镇—毛土坪110千伏线路工程	110	新建	34.80			2022年5月30日	2023年6月30日	湘西公司

国网湖南省电力有限公司
关于基建数智化转型工作的指导意见

为贯彻国网公司基建“六精四化”战略思路，落实《国家电网有限公司关于加快推进基建数字化转型的指导意见》（国家电网基建〔2023〕236号），加快推进基建专业“转观念、抓转型、促发展”行动和构建现代建设管理体系，强化感知设备应用和数据支撑赋能，实现“数智化减人”，明确目标思路、职责分工和重点任务，制定本指导意见。

一、工作背景

基建数智化转型是落实现代建设管理体系的重要举措。随着新型电力系统建设的推进，国网公司开启了基建“六精四化”新征程，加快推进“e基建2.0”建设。面对新形势、新变化、新挑战，公司须把握工业化、智能化、绿色化融合发展带来的新机遇，构建以数据为驱动力的业务新模式，促进电网建设全过程、全要素、全方位参与数字化升级，以推进新型电力系统建设和“双碳”目标实现。

公司基建战线高度重视数字化、智能化建设和应用工作。基建全过程综合数字化管理平台（e基建）自2019年试点建设，至2021年初步建成，基本实现了建设业务全覆盖，沉淀了海量数据资源。但因各单位自建系统统筹不足、功能重复，存在业务关联性不够、管理穿透力不强、数据利用率不高等问题。需要坚持企业级视角，加强系统统筹，推动公司基建专业现有平台、数据、业务等的整合优化，确保基建数智化转型善作善成。

二、目标思路

以构建现代建设管理体系为引领，服务电网高质量发展和输变电项目全过程高效实施，立足新发展阶段，通过构建“1+3+N”（e基建2.0+

3 级基建数智化管控平台 + N 个省侧自建应用）的总体应用架构，围绕“业务处理、专业管理、现场感知、数字电网、支撑服务”五大提升方向，打造公司、建管、施工三个层级的基建数智化管控中心，制定“三年三阶段”（2023 年夯实基础、2024 年深化应用、2025 年精益管理）工作步骤，推动基建项目管控向“业务线上流转 + 现场智能感知 + 远程集中监控”的新模式转变，助推基建管理和工程建设能力再上新台阶（图 3）。

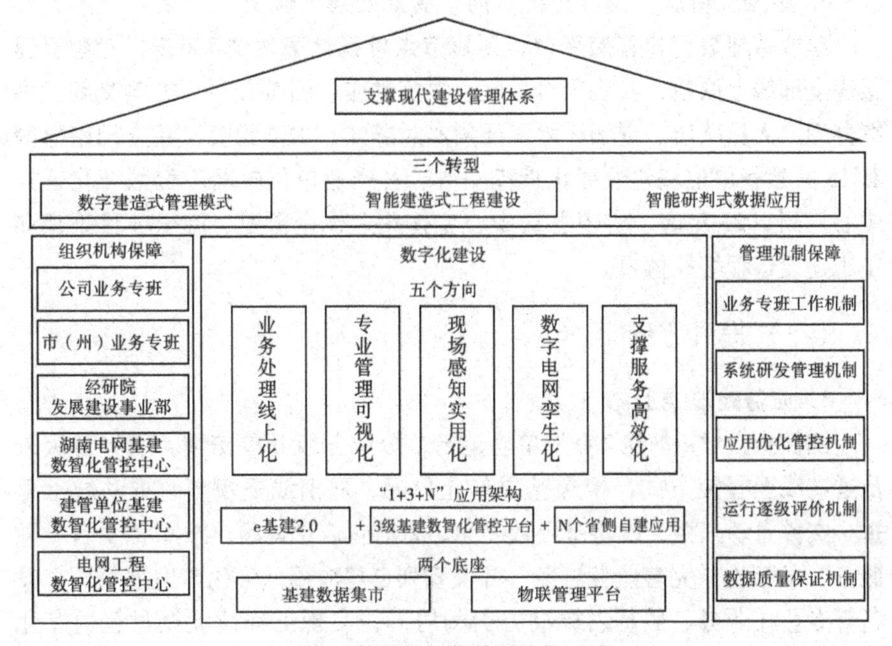

图 3　基建数智化转型目标思路

（一）转型目标

1. 管理模式从“流程驱动”向“数据驱动”转变

树立“数字化就是专业”的意识，全面应用“e 基建 2.0”，开发自建“功能专业化、操作无纸化、数据结构化、签章电子化”微应用群，使业务处理线上化率达到 100%。引导业主项目部、监理项目部、施工项目部、前期项目部、设计团队、评审团队、作业班组适应线上操作流程，四支队伍的用户注册率、活跃度分别达到 95% 和 90%，项目管理关键节点数据完整率、及时率达到 99%。

2. 建造模式从“人机协同”向“智能建造”转变

依托“宁电入湘”特高压等工程试点先行，制定感知层设备测评细则，科学评判各种型号的智能安全帽、全景摄像头、雷达吊臂、抱杆拉力与近电作业感知设备等的实用化水平，定期发布专题报告。制定感知层设备工程标准化配置模板和现场应用细则，搭建作业单元“指挥中枢”，实现220千伏及以上电压等级智慧工地建设全覆盖。

3. 数据应用从“统计分析”向“智能研判”转变

建成基建数智化管控平台，项目节点可视化率达到100%，专业管理报表全部线上取数，实现项目进度、物资供应、图纸交付、方案交底、手续办理、人员队伍、现场风险等要素实时感知、主动预警。建立湖南电网和15家建管单位基建数智化管控中心、各产业单位电网工程数智化管控中心。到2023年底，实现各级中心实体化运作全覆盖，健全项目管理和工程建设远程管控体系。

（二）提升方向

1. 业务处理线上化

刚性推行“e基建2.0”单轨运行，分层分级开展培训，引导各级人员适应线上管控方式。聚焦基层作业单元，取消线下填报，推动线上审批、文件自动归档，改善基层数字化、智能化应用体验。按照“中台+微服务”的架构，完善业务链条，开发系列自建应用，强化与发展物资、设备等专业在业务、数据、标准方面的协同，实现工程建设全过程数字化管理。

2. 专业管理可视化

建设基建数据集市和数智化管控平台，按照“基础数据底座+三级管控中心”模式，构建贯通项目全过程的业务流和数据流，精准管控、动态督办项目全过程，固化“现场+远程”双重管控机制。以项目全过程数据为基础，以智能分析工具为手段，在报表自动生成、专业分析决策等方面开发系列大数据应用，提升公司基建“六精四化”管理水平。

3. 现场感知实用化

依托特高压工程试点先行，优选实用、好用的智能感知设备，形成标准化的智慧工地建设和管理模式，并逐步向常规电压等级工程推广。依托科技项目，按照“改造完善、重点研发、探索研发”要求，推进感知层设

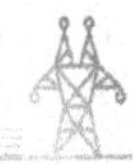

备的研究与应用，提升作业现场数据自动采集及要素状态感知能力，实现前端异常情况自动预警、典型违章智能识别、极端工况智能干预。

4. 数字电网孪生化

充分发挥设计引领作用，以孪生三维数字电网建设和建设“电网一张图”需求为导向，做优做实输变电项目三维设计，会同生产部门统一标准与模型、规范编码与数据，构建统一的三维地理信息、通道数据、基础电网模型及引擎，为数字电网空间提供孪生底座和数据载体。进一步加强输变电工程在线监测系统建设，完善智能辅控系统功能，为设备运维、调控决策提供多维度的信息支撑。

5. 支撑服务高效化

依托数据中台，推进“e 基建 2.0”与设计评审、施工管理、施工装备管理、技术监督、造价分析等系统的信息交互和数据共享，促进电网建设产业链上下游资源对接和业务协同发展，提升建设公司、经研院、送变电公司、电科院等单位的支撑能力和经营成效。强化卫星遥感、无人机航拍等数字技术应用，严格管控施工作业过程中的水土流失及其他环境破坏风险。

（三）工作思路

以现代建设管理体系为引领，依托业务专班和经研院发展建设事业部，加强公司级统筹，“挂图作战”，遵循“服务项目、聚焦重点、开放共享、成果导向”的原则，按照“三年三阶段”的步骤，有序推动基建全员、全过程、全要素数字化升级，实现“数字化提效、智能化减人”，推动电网建设协同高效、有序可控。

1. 2023 年（基础夯实年）

（1）落实组织和机制保障。加快推动建设公司、经研院、送变电公司和各市（州）公司等单位的组织构架、职责分工优化调整，组建基建数字化业务专班，建立健全工作机制。

（2）制定数智化转型方案。制定基建数智化转型顶层设计和实施方案，支撑单位“一事一策”制定实施细则，构建基建数字化管理“四梁八柱”。

（3）基本实现建管业务处理线上化。深度开展“e 基建 2.0”系统研发，积极贡献湖南智慧，争取首批试点应用，健全培训推广机制和运行评价机制，明确各专业、各单位数据维护职责，取消各类线下报送，实现项目管理主干节点业务线上化。

（4）初步实现专业管理可视化。开发基建数智化管控平台，支撑三级管控中心实体化运作，实现项目全过程在线管控和动态督办，固化“现场+远程”双重管控机制。

（5）探索现场感知实用化。依托“宁电入湘”特高压等工程试点，优选10类实用好用的智能感知设备，提炼典型经验，形成智慧工地标准化配置模板。

2. 2024年（深化应用年）

（1）初步实现施工、监理业务处理线上化。依托送变电公司和建设公司，试点推行施工、监理项目部及企业内部填报、审批业务线上化，开发自建应用，成熟后向产业单位推广。

（2）优化建管业务线上化应用水平。统筹各单位的个性化需求，开发变更签证、质量检测、设计评审应用，推动项目管理非主干节点业务线上化，实现横向业务高效协同和纵向管理逐级穿透。

（3）探索推行专业管理和现场感知融合。优化、完善基建数智化管控平台，有序开发智慧工地系统功能模块库，全面推广成熟设备，持续优化试点设备，建立感知层设备信息库，支撑建管、监理、施工现场管控新模式，实现三级管控中心对基建工程全天候、全方位的实时管控。

3. 2025年（精益管理年）

（1）实现支撑服务类业务处理线上化。开发自建应用，推动施工装备管理、新产业工人管理、造价分析等支撑服务业务线上化。建立自建应用优化完善机制。巩固、提升转型成果，健全问题反馈闭环机制，收集各层级用户意见和建议，完善项目过程中的数据采集，迭代完善省侧自建微应用群。

（2）实现专业管理和现场感知深度融合。持续优化基建数智化管控平台，制定标准化智慧工地建设方案，建成一套成熟的智慧工地应用系统；优化工程造价组成，确保全省220千伏及以上电压等级全面应用，其他电压等级参照执行，完成现场管控模式转型。

（3）数字电网孪生化取得实质性突破。强化BIM技术、三维设计和数字航测等新技术应用，实现设计数据在工程全过程的共享复用，形成以三维设计成果为底座，融合基建全过程数据的数字孪生电网。

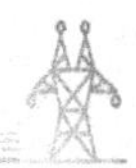

三、工作组织及职责分工

（一）领导小组

组长：公司分管副总经理。

成员：相关分管副总师、安全总监，发展部、人资部、财务部、安监部、设备部、科数部、建设部、物资部、调控中心、产业部，以及各市（州）公司、经研院、电科院、送变电公司、建设公司、超高压变电公司、超高压输电公司、信通公司、星通公司等单位主要负责人。

办公室主任：建设部主任。

主要职责：贯彻落实国网公司基建“六精四化”实施方案，以及公司基建专业“转观念、抓转型、促发展”三年行动方案与现代建设管理体系建设实施方案工作部署，审定公司基建数智化转型工作方案和基建数智化顶层设计，完善相关人、财、物等配套保障措施，建立常态化工作机制，研究和决策相关重大事项。

领导小组下设业务专班，办公室设在公司建设部，负责组织实施公司基建数智化转型相关工作。

（二）业务专班

组长：建设部主任。

常务副组长：建设部分管负责人。

副组长：各市（州）公司、建设公司、经研院、送变电公司分管负责人。

成员：建设部处室负责人，建设公司技术质量部（数字化部）和各分公司负责人，经研院数智中心、评审中心、技经中心负责人，送变电公司工程技术部（数字化部）和各分公司负责人，各市（州）公司建设部、项目管理中心、经研所负责人。

主要职责：落实领导小组的工作要求，负责整体推进基建数智化转型工作，组织编制基建数智化转型顶层设计，审定相关单位基建数智化转型子方案。协调解决工作推进过程中的主要问题，负责审查阶段性建设成果，对工作落实情况进行督导检查与考核评价。

业务专班下设5个工作小组，选调懂项目、懂专业、懂数字化的主业员工，负责需求梳理与提报、方案编制与评审工作，深度参与应用开发全过程。

（1）监控感知工作小组。负责现场智能感知、远程集中监控相关业务。

（2）项目管理工作小组。负责前期项目部、业主项目部、监理项目部、施工项目部、作业层班组等相关业务。

（3）专业管理工作小组。负责计划、安全、质量、技术、技经、队伍、环保、数字化等专业管理相关业务。

（4）数字电网工作小组。负责三维设计、数字航测等数字电网建设相关业务。

（5）支撑服务工作小组。负责数字化建设、设计评审、技经支撑、安质支撑、技术监督、施工管理、施工装备管理等相关业务。

（三）体系建设及职责分工（图4）

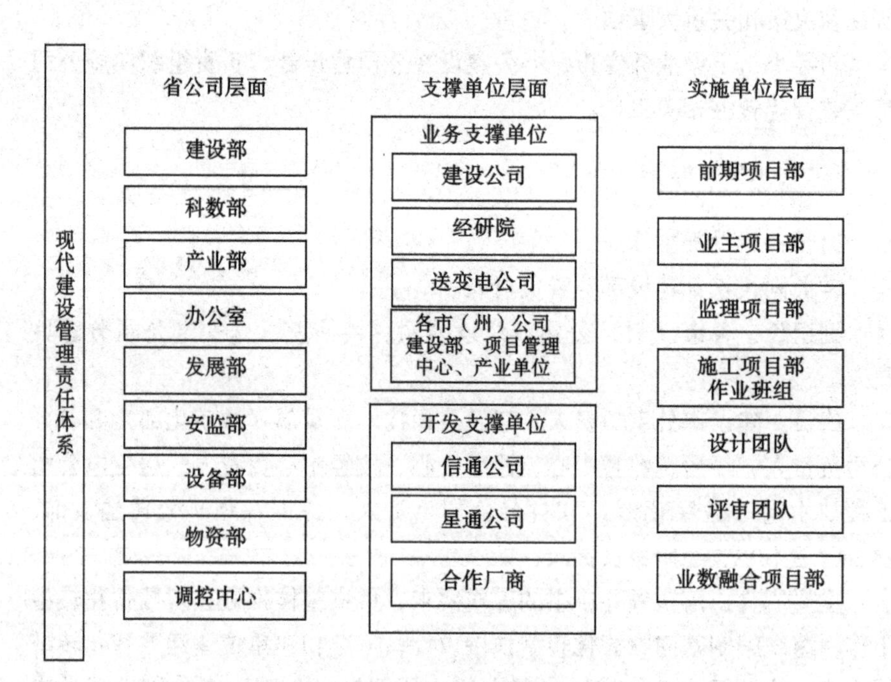

图4　基建数智化转型责任体系

1. 公司本部相关部门

建设部：负责统筹编制基建数智化转型建设方案，推进重点任务，健全基建数字化管理相关制度，协调相关部门和单位具体开展基建数智化转型工作，落实基建数字化应用培训，点评通报基建数智化转型情况。

科数部：参与编制基建数智化转型建设方案，提供技术指导，负责基建数字化建设及运行维护归口管理。

产业部：参与编制基建数智化转型建设方案，监督指导产业单位实施。

办公室、发展部、安监部、设备部、物资部、调控中心：配合开展与电网建设相关的业务流程贯通、功能适应性改造、数据共享及治理等工作。

2. 支撑单位层面

各市（州）公司：建设部、项目管理中心、产业单位明确数字化联系人，选派骨干参加公司业务专班，组建本单位业务专班。贯彻落实基建数字化管理制度，组织参加基建数字化应用培训，建立健全本单位数据维护责任体系，收集、上报转型过程中的问题和建议。依托基建数智化管控中心和电网工程数智化管控中心，对本单位的输变电项目开展过程监控和安全督察。

建设公司：负责编制本单位基建数智化转型工作方案，支撑建设部开展基建数字化管理，重点落实需求统筹、应用推广、成效评估等工作。归口业务专班日常管理，选派骨干参加公司业务专班，组建本单位业务专班。贯彻落实基建数字化管理制度，组织参加基建数字化应用培训，建立健全本单位数据维护责任体系，收集、上报转型过程中的问题和建议。依托基建数智化管控中心，分别对全省、本单位输变电项目开展过程监控和安全督察。

经研院：负责编制经研院发展建设事业部运营实施方案，支撑建设部开展基建数字化管理，重点落实顶层设计、建设管理、数据治理等工作。选派骨干参加公司业务专班，组建本单位业务专班。贯彻落实基建数字化管理制度，组织参加基建数字化应用培训，建立健全本单位数据维护责任体系，收集、上报转型过程中的问题和建议。

送变电公司：负责编制本单位基建数智化转型工作方案，支撑建设部开展基建数字化管理。选派骨干参加公司业务专班，组建本单位业务专班。依托电网工程数智化管控中心，远程实时监控单个项目执行情况，解决施工现场分布离散带来的管理脱节问题，及时防范、化解经营和安全风险。

信通公司：参与编制经研院发展建设事业部运营实施方案，保障人员投入，支撑建设部开展基建数字化管理，重点落实系统运行、应急处置、资源申请、技术支撑等工作。

3. 实施单位层面

星通公司等承建厂商：遵守公司数字化管理相关制度，按照合同约定，为公司提供高水平基建数字化设计、开发、实施、运营、运维、安全等专业服务，支撑公司开展基建数智化转型工作。

项目部：落实基建数字化管理要求。及时、准确、完整地填报本项目部信息，按要求归档相关电子文件。应用感知层设备，收集、分析、上报基建数字化应用过程中的问题和建议。指导、监督参建人员落实基建数字化应用工作，从源头强化数据质量管控与感知设备应用。

四、重点工作任务

（一）优化组织架构

1. 完善组织机构

按照公司基建数智化转型相关要求优化组织机构，设置专门机构，保障人员投入，建立岗位固定、职责明晰、工作高效的组织体系，规范基建数字化管理流程，增加应用场景，赋能项目管理和工程建设。

建设部：明确基建数字化定位，将基建数字化管理专责调整至建设管理处，以项目管理数智化为核心，构建实用、高效、面向未来的基建调度指挥体系。

建设公司：聚焦项目管理，加强前期、业主、监理三个项目部，以及技经、检测两大业务的数字化支撑，对项目管理全过程实施进行监督管控。设置技术质量部（数字化部），支撑公司建设部开展数智化转型需求分析。

经研院：具体负责基建数字化建设项目管理，负责可研编制、落实项目储备和开发管控。做强经研院发展建设事业部，设置基建数字化建设班

组，支撑公司基建数智化转型系统开发。

送变电公司：聚焦项目建设，加强施工项目部、作业班组业务的数字化支撑。设置工程技术部（数字化部），支撑公司建设部开展数智化转型需求分析。施工管理部负责对施工现场实施全方位监督管控。

市（州）公司：承担公司基建数智化转型试点任务，设置数字化专责和监控专责，对项目管理全过程实施监督管控，督促产业单位实体化运作电网工程数智化管控中心。

星通公司：加强核心开发运维团队建设，优选合作厂商，提供实用、高效的基建数字化解决方案。

2. 组建业务专班

（1）组建两级业务专班。各市（州）公司、建设公司、经研院、送变电公司选拔懂项目、懂专业、懂数字化、有责任心的优秀员工组建本单位业务专班，并于2023年5月前将专班人员名单报送至公司建设部，公司建设部择优纳入公司基建数字化业务专班工作小组。

（2）明确专班工作职责。本单位领导和上级专班齐抓共管，发挥合力；各单位专班成员开展“紧耦合”模式的项目建设和推广工作，集中时间、精力做好数字化需求分析及应用推广，支撑构建“作业更加安全高效、管理更加精益规范”的电网建设新局面，确保转型工作取得实效。

（二）健全管理机制

1. 建立业务专班工作机制

（1）建立需求统筹机制。严格落实项目主人制，项目主人（业务需求提报、业务主管审核人员）充分调研业务流程与相关标准，深入分析用户需求与管理要求，切实提升项目需求提报质量与实用性，确保数字化项目科学、严谨立项。各单位业务专班收集本单位意见和建议，形成本单位业务需求清单，呈报公司业务专班审批。

（2）建立试点示范机制。公司业务专班根据需求统筹情况，定期发布基建数智化转型试点任务，各单位结合自身业务需求及特点，积极承担试点任务，协同经研院发展建设事业部，提出需求优化、全面推广解决方案。公司每年度对试点任务落实情况进行评价打分并点评通报，纳入企业负责人业绩考核指标与同业对标考核评价体系。

（3）建立工作例会机制。建立专项小组周例会、业务专班月例会、专题研讨会制度，总结阶段工作，明确下一步工作任务，及时协调解决问题。建立周报、月报制度，其中周报呈报业务专班，月报呈报领导小组。工作小组针对梳理过程中发现的问题形成专题报告，提交至业务专班，一般问题在业务专班层面解决，重大问题在领导小组层面解决。

2. 健全系统研发管理机制

（1）加强项目化管理。严格执行以“业数融合”项目部为核心的数字化项目管控新模式，公司建设部会同科数部对项目部成员履责情况进行考核评价。提升需求分析深度，业务专班成员作为项目主人，统筹业务需求并优选排序，对项目的投资论证、推广应用及预期成效负责。提升业务创新水平，工作小组成员作为业务经理，具体负责业务目标制定、业务功能需求提出、功能符合度验证、推广应用等。强化项目经理履责，经研院发展建设事业部加强开发过程管控，细化项目建设里程碑计划，定期发布周报、月报，跟踪开发进度并严控节点。按照“需求牵引、技术支撑”的原则，充分发挥各方作用并形成合力，保障基建数字化项目建设取得成效。加强过程架构管控，严格执行数字化项目“统一顶层设计、统一技术路线、统一技术架构、统一数据架构、统一安全防护”的“五统一”原则。

（2）加强承建厂商管控。构建厂商履约能力评价体系，按照“统一管理、分级负责”的原则开展厂商服务质量考评，以“实用化买单制”倒逼系统开发实施质量提升。明确评价指标，主要包括业务功能、系统性能、应用成效、用户体验等方面。“业数融合”项目部对建设过程打分，各级业务专班对建设成果打分。星通公司健全绩效管理机制，将履约评价结果与内部员工绩效、外部厂商合同挂钩。经研院发展建设事业部定期开展服务质量评价考核，对建设进度延期、运维响应不及时、服务质量不达标的情况予以通报，将不合格厂商及相关人员纳入黑名单。

3. 健全应用优化管控机制

（1）定期开展用户调研。业务专班每季度通过问卷调查等方式开展用户调研，范围涵盖参建单位、项目部、作业层班组三个层级，内容包括操作友好性、功能稳定性、业务上线率等。经研院发展建设事业部根据调研结果开展用户需求优化分析，切实提升系统使用体验、单轨运行水平、数据自动采集能力。

（2）落实问题消缺闭环。各单位基建数字化联系人组织开展系统用户

问题提报，核实数字化应用过程中发现的问题，定期汇总反馈至经研院发展建设事业部。经研院发展建设事业部负责督促厂商做好问题消缺，组织开展用户验证测试，保障基建信息系统和现场感知设备安全稳定运行。

4. 健全运行逐级评价机制

（1）细化应用评价指标。依据《国网基建部关于基建全过程综合数字化管理平台运行逐级评价考核工作的指导意见》，结合公司实际情况，修订公司基建数字化应用率指标，明确业务指标、统计规则、考核标准及评价方案。

（2）落实数据维护责任。压实各级责任，将基建数字化应用水平纳入公司同业对标考核指标体系，修订设计、施工、监理招标文件和合同范本，推动参建单位落实现场应用要求。每月发布应用监测结果，所有指标通过数据中台自动计算获取。评价结果以基建数字化应用工作月报的形式反馈至各单位。各单位根据评价结果制定整改方案，考核责任单位，并限期整改、逐项销号，同时公司建设部不定期约谈问题较多的单位。

5. 健全数据质量保证机制

（1）制定数据治理工作细则。根据总部考核、内部管理、专业协同要求，全面梳理基建业务数据质量标准，滚动发布各岗位系统应用操作手册，持续提升源端数据质量，确保数据填报及时、全面、准确。

（2）建立数据质量核查机制。明确核查规则，开发数据质量自动核查工具，对项目关键节点数据不及时、不完整等情况进行预警，通过短信、邮件等形式通知各建管单位数字化联系人和责任人进行整改。每月发布数据质量情况报告。

（3）开展数据质量交叉互查。制定数据质量核查巡检工作计划，公司建设部按季度组织专家抽查系统数据，形成工作报告；严打数据造假，一经发现，立刻通报批评责任单位及相关人员。

（三）打造三级管控中心

打造省、市两级基建数智化管控中心，负责全省、各市（州）输变电项目管理可视化监控、高风险作业远程监督。打造电网工程数智化管控中心，负责省管产业施工单位的施工进度监测分析、远程施工安全巡查。各级中心通过基建数智化管控平台，对项目管理和工程建设进行智能监控、智慧调度、智慧推演，以数字工单驱动“全员”协同运作，提升基建管理远端管控、现场闭环能力。2023 年 6 月前，经研院发展建设事业部完成项目可研收口。2023 年 11 月前，试点单位完成平台部署和中心实体化运作。2024 年，推广到全省建管单位和产业单位。

1. 打造湖南电网基建数智化管控中心

湖南电网基建数智化管控中心由建设公司负责日常管理。平台主要展示电网建设项目的年度建设规模和投资完成率，重点监控迎峰度夏、迎峰度冬重点建设项目的全过程推进情况，实现报表在线生成，预警单、整改单线上流转。中心对全省 35 ～500 千伏电网建设项目的推进情况开展监测分析，支撑公司建设部开展调度协调，督察项目建设环境保障、业务合规管理工作情况，开展远程安全监督检查，整体提升基建管理质效。

2. 打造建管单位基建数智化管控中心

建设公司基建数智化管控中心由技术质量部（数字化部）与安全监察部共同管理。平台主要监控建管范围内的主网项目（含融资租赁项目），以及监理范围内的电网项目及电源项目，支持对建管项目的“两个前期”、开工必要条件进行线上跟踪，规划、方案线上审批，资金支付、变更签证线上流转，支持对监理项目的开工报审资料、一般（专项）方案、人员资质、供货商（乙供）资质等远程履职。管控中心对重点项目全过程的推进情况、“三跨”管理、复杂停电计划管理开展智能辅助调度决策，对三级及以上风险作业开展“AI + 人工”远程安全稽查与监理旁站，对 GIS 等主设备安装施工关键环节开展远程质量抽查，对检验批、分部、分项、单位工程验收等开展远程监理，以数字化手段提升项目管理质效。

市（州）公司基建数智化管控中心设在项目管理中心，监理站派专人值班。平台主要展示本单位所辖主网项目年度建设规模、投资完成率和项目全过程，支持“三跨”、停电计划、验收消缺管理。中心紧盯用地审批划拨、林业手续、权证办理，及时监控环保水保方案批复、初步设计、施工图设计、物资招标、服务招标实时进度，以确保按期开工；开展工程风险梳理、风险作业远程稽查、GIS 等主设备安装关键环节的远程质量抽查；监控分部分项工程的工程量实际完成进度，督办变更签证办理流程；跟踪物资收货、调拨、退料报废手续办理，实现全链条预警督办。

3. 打造电网工程数智化管控中心

送变电公司电网工程数智化管控中心由施工管理部负责管理，各省管产业施工单位成立电网工程数智化管控中心，设置专人专岗负责。平台主

要监控本单位所承接的主网施工项目，展示项目部组建、施工准备和分包商比选、作业人员报备考试和培训、施工及测量机具设备检验、项目管理实施规划和安全管控措施审查、分层分级安全交底、物资和材料准备、特种作业人员上岗等情况，建立分包商履约评价档案（承载力分析、合同履行情况、分包商履约评价）。中心参照分包商履约评价档案对分包商进行优选，开展施工全过程线上监督，重点监督安全文明施工费用使用、施工机具及安全防护用具进场报验、停电计划、三级及以上风险作业远程稽查、质量验评划分、乙供材料进场报验、甲供设备开箱申请、施工方案审批和实施情况、三级自检实行情况、施工图纸预审记录、施工方案交底记录、GIS 等主设备安装施工关键环节的远程质量抽查、重要工程节点进度完成情况、进度款结算、进城务工人员工资支付情况；开展竣工后收尾线上管理，监督竣工资料移交、竣工结算、项目消缺和质保完成情况；每日抽查监督在建项目的全过程、全方位管控成效，检查完毕后下发整改通知单，督促完成问题整改的闭环管理，定期通报检查情况。

（四）开发省侧自建应用

1. 构建开放共享架构

（1）业务架构管控方面。按照“领域驱动设计”的原则，建立健全业务架构体系，依据“项目管理域、工程作业域、装备物资域、职能报表域、支撑服务域、智能感知域”明确公司及各单位的业务需求提报范围，落实业务指引数字化建设要求，杜绝因交叉管理而导致的开发资源浪费问题。

（2）应用架构管控方面。按照总部数据“应取尽取”的原则，依托“e 基建 2.0”功能，落实精益化管理要求，实现基层减负、提质增效，分层分级开发基建微应用群。强化业务、应用、技术、数据、安全五大架构管控，实现基建数字化架构“应管尽管”。

2. 推动施工、监理业务线上化

持续深化“e 基建 2.0”应用，以施工、监理方的需求为导向，开发配套微应用，做好与“e 基建 2.0”数据的衔接，服务项目管理。一是开发智能施工管理应用。深度融合项目建设全过程与施工企业内部业务流、数据流，支持对进城务工人员工资支付、过程安全监控、质量三级自检、方案审批、物资采购等内部管理流程垂直管控，防范化解合规风险。二是开发智能监理管理应用。对监理人员工作任务委派、物资设备智能调配、工程安全质量远程旁站履职等监理业务流程进行线上管控。

3. 推动非主干节点业务线上化

（1）开发智能项目管理应用。研究无人机、机器人、AI、“BIM + AR”等先进数智技术在项目管理中的应用，创新安全质量巡检方式，实现施工关键工序模拟作业，隐蔽工程可视化移交。

（2）开发智能质量管理应用。开发边坡检测、沉降观测预警、质量检测监管、第三方实测实量等技术监督和质量管理模块。

（3）开发智能设计评审应用。结合设计数字化转型，开发可研（可行性研究）、初设（初步设计）、施设（施工图设计）的线上评审应用。

（4）开发智慧造价管理应用。覆盖主网基建的估、概、预、结算造价全过程管理，实现变更签证线上流转。

4. 推动支撑服务类业务线上化

整合已投运自建系统，探索新业务需求，提升相关系统应用。

（1）探索机械智能化应用方向。实现装备智慧施工一体化应用，对机具租赁全过程、全周期进行可视化管理，提高机械化施工和绿色建造推广成效。

（2）探索新产业工人管理应用方向。建立对新产业工人的档案资料、进出场管控、项目配备需求、工资支付情况、教育培训、上升渠道、综合考核等方面的全过程管理体系，固化新产业工人队伍，打造一流施工企业。

（五）推进智慧工地建设

1. 依托特高压试点应用

依托“宁电入湘”特高压工程，推动智慧工地系统与各级基建数智化管控平台融合，实现工程建设可视化、协同化、智能化，提高工地管理效率和绿色施工水平。深入应用大数据、云计算、物联网、人工智能、BIM仿真等技术，采用固定式警戒球机、全局人脸摄像机、无人机、智能安全帽等感知层设备，开发建设状态全面感知、智能辅助准确高效、安全管理实时监控的智慧工地功能模块。加强智能装备研发应用，以机器辅助和替代“危、繁、脏、重”的人工作业，提高工程建设的标准化、机械化、智能化水平，落实“机械化换人、智能化减人”，变革工程建造方式。

2. 优选现场感知层设备

遵循“适用实用”的原则，对现有感知设备的功能进行整合完善，实现作业现场关键数据实时感知，包括改造完善类、重点研发类、探索研发类。

（1）改造完善技术成熟、适用性广的设备，主要包括普通视频布控球、深基坑一体化装置、室外环境监测、抱杆状态监测、人体体征监测、温度及余电传感、边坡位移监测、基础沉降监测等智能感知设备，及其与边缘物联代理设备的通讯功能。

（2）重点研发技术相对成熟、可推广应用的设备，提升现场安全质量和环保水保管理水平，主要包括无人机、穿戴式近电感知设备、施工机械近电感知设备等，以及具备违章智能识别、异常状态智能告警等功能的边缘物联代理设备。

（3）探索研发具有前瞻性、改变现有模式的感知设备，主要包括质量验收及水保监测无人机、无人操控智能装备等。

3. 开发平台侧功能模块

根据三个管控中心的远程管控需求，研发智慧工地系统功能模块库。主网项目根据项目等级、创优目标等条件从智慧工地系统功能模块库中选取相应的功能模块，搭配相应的软硬件设备，组建符合工程特点的智慧工地系统。采用“试点 + 推广”的方式增加智慧工地的应用场景，将成熟的设备组件及时纳入功能模块库，持续推动智慧工地迭代升级。

4. 制定标准版建设方案

统一构建标准版智慧工地系统，省内主网工程共享应用。遵循“分级应用、成熟推广、用必用好”的原则，通过物联管理平台汇总各工程现场关键信息，并与各级管控中心监控大屏集成，支撑管控中心监控人员开展现场管控和远程到岗。建管单位组织项目部全面应用智慧工地系统，搭建“作业单元”指挥中枢，开展风险监测、安全监测、质量监督、进度分析、全景进度、造价管理、先签后建管理、环保水保、智慧安装、三维应用、数字党建等应用。

（六）基建数字化队伍建设

1. 打造高水平业务专班

公司建设部主要负责人亲自挂帅，建设公司技术质量部（数字化部）归口日常管理，通过半年时间选拔培养30名懂项目、懂专业、懂数字化的业务骨干，作为基建数智化转型的核心力量。“战时”集中工作合力攻关。根据项目开发里程碑节点，“业数融合”项目部全体成员在韶山数字化产品研发基地脱产开展需求梳理、可研编制和原型设计，提高需求分析深度和业务创新水平。“平时”作为高端人才培养。积极推荐业务专班成员参与总部工作交流、行业标准编制、各类评奖创优活动等，提升其在国网系统的话语权和竞争力，逐步将其培养成电网建设专业的骨干人才。

2. 建强发展建设事业部

经研院牵头组建发展建设事业部，配备专职人员负责基建数字化项目管理，对接业务专班提出的需求，按“业数融合”工作模式，开展“紧耦合”模式的项目建设。星通公司配齐专业人员，健全内部绩效管理机制，逐步实现应用开发“自己干”；优选外部合作厂商，补齐短板。

3. 构建进阶培训体系

构建初、中、高三级进阶培训体系，新加入基建战线的主业员工全部参加初级课程培训，考核优秀者可入选中级业务专班。建立省级基建数字化人才储备库，作为初级业务专班的后备力量；制定专业人才评价积分制度，明确各类目标任务、评奖创优计分规则，根据年度积分排名实行末位淘汰制，将人才储备情况与所在单位业绩考核和试点任务承担资格挂钩。

4. 丰富培训内容方式

公司建设部采取“走出去”“请进来”、线上线下相结合的方式，构建多维立体的专业培训体系，对业务专班、各级联络人开展基建数智化转型的宣贯培训，营造“数字化就是专业”的文化氛围。一是面向业务专班，宣贯培训国网公司基建数字化顶层设计和公司数字化管理规章制度、“大云物移智链”等新技术、需求分析方法论等，促使各级人员统一对基建数智化转型的理解和认识。二是面向各级联络人，宣贯培训基建数字化管理要求及系统应用操作技能等，针对不同类别的用户开发培训课件和操作手册，分专业、分层级开展应用操作培训，做实项目管理人员专项培训及一线人员入场培训，提升各级人员的数字化获得感。

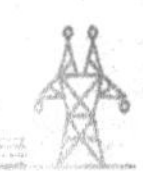

五、工作要求

（一）高度重视，加强组织领导

充分认识基建数字化的重要意义，成立基建数字化工作领导小组和业务专班（办公室挂靠建设部），统筹抓好基建数字化建设各项工作，加强督查督办及考核管理，确保基建数智化转型目标的实现。建立横向到边、纵向到底的协调、管控机制，以“业数融合”项目部的形式协同推进基建数字化重点建设。

（二）分工协作，强化专业协作

充分发挥各层级、各参建单位的作用，建立分工协作机制，抓好责任落实，确保公司上下以及各部门、各单位间形成合力。加大基建数字化建设力度，紧紧围绕实施方案和计划，强化执行过程管控，以顺机制、补短板为重点，以抓落实、促提升为方向，全面提升基建数字化建设水平。

（三）统筹推进，确保转型成效

各单位要把基建数智化转型与日常业务工作结合起来，细化分解、严格执行，确保工作实效。要及时总结经验，挖掘典型亮点，加大宣传力度，相互交流、相互促进。

国网湖南省电力有限公司
关于绿色建造转型升级的指导意见

为贯彻国网公司基建“六精四化”战略思路，加快推进现代建设管理体系落实落地，推动输变电工程建设由传统模式向绿色建造转型升级，助力公司建设成为具有中国特色国际领先的能源互联网企业，助推“碳达峰、碳中和”目标实现，依据国家绿色建造相关法律法规、标准规范以及国网公司有关要求，制定本指导意见。

一、工作背景

2020年9月，习近平总书记在联合国大会上正式提出我国社会经济发展的“3060”双碳目标，为中国经济绿色、高质量发展指明了方向；2021年10月，党中央、国务院发布《中共中央 国务院关于完整准确全面贯彻新发展理念做好碳达峰碳中和工作的意见》。

2021年以来，国网公司相继发布《国家电网有限公司关于全面推进输变电工程绿色建造的指导意见》《输变电工程绿色建造指引》等文件，明确了输变电工程绿色建造的实施路径和具体要求。2023年9月，国网公司召开了“六精四化—绿色化”现场推进会。会议指出，推进电网建设绿色化，是践行习近平生态文明思想的重大政治责任，是助力“双碳”目标实现的担当之举，也是电网建设高质量进阶提升的内在要求。

二、目标思路

以习近平生态文明思想为指导，贯彻创新、协调、绿色、开放、共享的新发展理念，推动输变电工程建设由传统模式向绿色建造转型，持续提升工程建设质量和建设管理水平。

（一）总体目标

1. 全方位贯彻绿色建造新理念

建立适应现代建设管理体系的输变电工程绿色建造成果评价体系，从资源节约、效率提升、质量升级等五个维度进行绿色建造评价。2023—2025年，全口径输变电工程绿色建造评价优秀率分别达到90%、95%、98%。

2. 深层次强化模块化建设新应用

深化标准化设计，持续提高设备集成度、建构筑物装配率和预制件标准化程度，建立制造工厂与施工现场相融合的现代装配化施工新模式。稳步提升输变电工程施工装配化率，2023—2025年分别达到90%、93%、95%。

3. 多维度支撑新型电力系统建设

以数字电网建设推动电网智能升级，开展设备、技术创新和推广应用，提升数字化水平，主动适应新型电力系统复杂的运行方式，提高电网抵御自然灾害的能力。努力实现在2025年前建成20个新型电力系统输变电示范工程。

4. 全链条推动建造模式绿色化转型

推动“工程设计—工厂制造—现场施工”一体化融合，推广数字化集成设计，扩大环保型设备、材料选用范围，持续降低建设全过程碳排放水平。2023—2025年分别实现碳减排量0.8万吨、0.9万吨、1.0万吨。

（二）实施路径

1. 2023年（基础夯实年）建立组织和技术保障机制

优化调整组织架构，成立电网建设研究创新中心，组建研究创新专家委员会，设立绿色建造转型升级工作专班。根据国网绿色建造指引，总结既有建设经验，学习相关行业前沿技术，提炼形成绿色建造典型成果，初步建立适应省内情况的输变电工程绿色建造技术和管理模式。依托“宁电入湘”特高压重点示范工程，推进绿色建造样板工程落地。

2. 2024年（深化应用年）全面应用绿色建造模式和成果体系

35千伏及以上新开工输变电工程全面应用绿色建造技术和成果体系，健全绿色建造考核评价体系，在工程策划、设计、实施、移交阶段分别开展量化评价，滚动更新输变电工程绿色建造成果。

3. 2025 年（精益管理年）形成成熟绿色建造模式

2025 年实现绿色建造评价合格率达到 100%，优良率不低于 90%；公司输变电工程绿色建造达到国网公司领先水平。

三、工作组织及职责分工

（一）工作组织

在公司现代建设管理体系领导小组的统一领导下开展工作，在公司建设部设置工作办公室，建设部主任兼任办公室主任，具体负责落实领导小组决策部署，组织实施公司基建绿色建造转型升级工作。

工作办公室下设工作专班，成员由公司建设部、经研院、建设公司、电科院和送变电公司等部门或单位内设机构人员组成；专班成员兼任所在单位或部门的绿色建造联络员。

（二）职责分工

1. 公司本部相关部门

建设部负责统筹编制绿色建造转型升级指导意见和推进计划，完善基建绿色建造相关管理制度；协调相关部门和单位，推动绿色建造标准化应用；通报、考核绿色建造转型升级执行情况。发展部负责项目前期管理提升，并在项目前期、可研阶段评估绿色建造技术的可实施性，同步纳入工程估算。设备部负责对绿色建造各类新技术在运维阶段的便捷性、适用性进行评估，参与绿色建造标准化方案的制定，配合绿色建造转型升级的实施及研究。物资部负责物资采购、供应及服务，与建设部深度协同工作，为绿色建造使用的各类设备、材料、机械等采购提供有力支撑。人资部负责完成绿色建造体系所涉及的机构调整职责优化、人才培养、人员薪酬激励方案的制定等。财务部负责对绿色建造资金投入的合理性、合规性、合法性进行评估。

2. 市（州）公司及相关支撑单位

各市（州）公司：贯彻落实基建绿色建造管理制度要求，组织开展技术培训，反馈转型过程中的问题和建议。依据国网公司绿色建造评价体系

和公司绿色建造实施方案的要求，对本单位电网建设项目绿色建造转型升级情况开展全过程监督。

建设公司：支撑建设部开展基建绿色建造建设管理，负责编制本单位基建绿色建造转型升级工作方案，重点落实绿色建造新技术新工艺推广、成效评估等工作。

经研院：负责开展绿色建造技术管理，重点制定并落实绿色建造设计方案，开展建设新技术研究等工作。评审中心、技经中心明确绿色建造联系人，组织参加绿色建造技术培训，宣贯推广绿色建造技术的应用。对设计阶段的绿色建造方案进行评审把关，提出指导性意见。

电科院：负责收集输变电工程环保政策和技术标准规范，参与绿色建造应对策略研究，协助制定与修订绿色建造管理制度，参与绿色建造方案评审、现场检查，提出环保措施落实意见。

送变电公司：支撑建设部开展绿色建造管理，建立绿色施工管理体系，制定绿色施工的管理制度并组织实施；开展绿色施工教育培训；定期开展自查、联检和评价工作。总结归纳绿色施工过程中的问题，探索新技术、新工艺、新设备的应用，从施工安全性、便捷性、经济性等角度对绿色建造的发展提出建议。

四、加强绿色建造过程管控

始终坚持输变电工程建设与生态环境保护协同并进，建立健全绿色建造全过程管控体系。

（一）精益化推进绿色策划

（1）制定绿色策划通用模板。根据不同电压等级、不同工程类型规模，分类编制输变电工程绿色建造策划模板。模板涵盖绿色总体策划、绿色设计策划、绿色施工策划、绿色移交策划等各个方面，能指导各参建单位高效开展绿色策划。（责任部门：建设部。配合单位：建设公司、经研院）

（2）开展绿色建造策划。统筹工程建造全过程、全要素，确定绿色建造目标及实施路径。根据电压等级、工程类型等，合理确定年度绿色建造示范工程。对新技术应用、“双碳”目标设定等绿色指标进行明确具体的要求，合理计列相关费用。完善工程和设计招标技术规范，增加绿色建造得分权重，明确材料物资的节能环保参数，扩大绿色设备、材料选用范围。依托重点示范工程，试点引入建筑强企参与电网建设。（责任部门：建设部。配合单位：建设公司、经研院、电科院等）

（二）精细化开展绿色设计

1. 优化通用设计

（1）优化公司输变电工程通用设计。以综合性能最优、环境扰动最小为目标，合理确定工程站址与路径方案、总平面布局、建筑结构形式、装饰装修标准等，提高标准化建设水平。试点应用洁净空气 GIS、天然酯油绝缘主变压器等环保型设备，探索应用零油污一体化事故油池系统、成品一体化雨水处理装置，推广应用低能耗空调、低噪声风机、LED 灯具等附属设施。线路工程推广应用节能导线、节能金具、高强钢材、环保型基础、预制式基础等新型环保材料。（责任单位：经研院。配合单位：电科院、送变电公司等）

（2）推进环境友好型变电站设计。城市中心区、工业园区以及景区周边等敏感地区工程，采用“一站一特色，一站一方案”的方式，开展景观融入式设计。遵循“环境融合”原则，制定变电站设计指导意见，明确变电站外观设计的适用范围和标准，精细化开展建筑表皮设计。对已建、在建工程外观设计开展评优评奖，引入外部优秀建筑设计团队参与变电站建筑设计。（责任单位：经研院。配合单位：有关设计单位）

（3）精细化开展建筑物节能设计。开展变电站房屋节能综合评价，系统分析建筑物的热工环境、通风制冷、取暖以及采光需求，优化建筑物保温构造、空调配置、采光照明等，制定更加合理的建筑保温和节能策略。统筹考虑工程耐久性、可持续性，积极应用新技术、新设备、新工艺，优先采用高强度、高性能、高耐久性和可循环材料。（责任单位：经研院。配合单位：有关设计单位）

2. 选用绿色设备、材料

制定绿色建造技术推广应用计划。全面梳理“国家重点节能低碳推广技术”、电力行业“五新”技术、建筑业“十项”新技术、国网基建新技术、模块化 2.0 技术、新型数字智能电网工程技术等各类工程技术范畴，结合湖南电网建设实际，分强制、推荐和试点三个层级，发布绿色建造应

用设计、施工技术清单。(责任单位:经研院、建设公司。配合单位:有关设计单位、送变电公司等)

3. 强化施工现场管理

(1)发布典型做法清册。按照变电站工程、架空线路工程、电缆工程3个工程,动态修订绿色建造11项关键指标指导手册。督促各建管单位按季度上报“四节一环保”及11项关键指标先进成果,动态更新,持续提升绿色建造水平。(责任单位:送变电公司。配合单位:建设公司、经研院、电科院)

(2)规范临建标准。制定110～500千伏电压等级工程预制舱式(集装箱式)临建标准化布置详图,固化临建标准,提高预制舱循环利用次数。细化布置标准,在工程临建区域推广节能灯具、玻璃幕墙、节水器具,明确临时用水、用电布置方案,提高重复利用率,降低运行能耗。在省内110千伏及以上项目办公区推广应用预制舱式、集装箱式临建。(责任单位:送变电公司。配合单位:建设公司、经研院)

(3)明确施工过程环境控制要求。制定施工过程环境控制措施,明确节材与材料资源利用、节能与能源利用、节水与水资源利用、节地与施工用地保护、环境保护与环境影响控制、水土保持与水土流失防控、经济效益与社会效益等八方面具体要求;严格控制施工现场扬尘,对易产生扬尘的区域及工程物资、材料堆放区,采取人工遮盖、设置洗车池、围挡喷淋等方式进行降尘和保护。保护地表环境,防止土壤侵蚀、流失;保护地下设施,保证施工场地周边的各类管道、管线、建筑物的安全运行。城区工程应用预制静压桩等工艺,降低施工噪声、震动对周边居民和建筑物的影响。(责任单位:送变电公司。配合单位:建设公司、电科院)

(4)开展绿色施工在线监测技术研究。结合“e基建2.0”和现代智慧工地建设,实现施工现场动态、数字化监控,对施工现场能耗、水耗、施工噪声、施工扬尘、大型施工设备运行状况等各项绿色施工指标数据进行实时监测和预警。(责任单位:建设公司。配合单位:送变电公司)

4. 落实资源节约与循环利用

依托电网工程数智化管控中心、机械化装备智慧管理等数字化工具,建立建筑材料数据库和机械设备数据库,对施工材料和机械的使用状态进行监测和能耗统计,服务碳减排统计分析。扩大绿色环保施工装备应用,逐步拓展“以电代油、以电替油”机械设备的应用范围。因地制宜地建立

可再利用的水收集处理系统和节水系统，减少对水资源的消耗。（责任单位：送变电公司。配合单位：建设公司、电科院）

5. 提升现场装配化施工率

（1）开展全装配式施工现场组织模式研究。组织开展与变电站全装配式建设相适应的现场“流水线”作业模式研究，形成相关标准工艺和工法成果。对省外和行业外施工现场管理状况进行调研，开展与“流水线”作业相适应的输变电施工管理模式研究，优化现场工序和管理流程，提高管理质效。（责任单位：送变电公司。配合单位：建设公司、经研院、电科院）

（2）着力提升现场装配效率。推广应用装配化施工工艺、干式施工工法及集成模块化部品部件，从而达到节约资源、缩短施工周期、降低安全风险、有效保护环境、减少现场切割及湿作业的目的；优先选用绿色材料，规范废弃物处理方式，从源头减少有毒有害废弃物的产生。积极开展各类预制件安装研究，研发适合厂内生产和现场安装使用的专用机械化设备，形成全自动化预制件生产流水线，发挥装配化产业优势。（责任单位：送变电公司。配合单位：建设公司、经研院、电科院）

（三）规范化执行绿色移交

1. 严格执行工程绿色移交

（1）开展绿色建造评价体系研究。研究绿色建造关键指标、基础指标、优秀指标的内涵，初步建立适用于湖南电网的变电站“装配率”评价指标体系，完善绿色建造评价标准及实施细则。组织团队探索电网建设过程中对碳排放进行定量核算和定性分析，制定操作性强的碳排放核算办法。（责任单位：建设公司。配合单位：送变电公司、设计院等）

（2）规范开展绿色建造成果移交。严格执行输变电工程工序交接验收、竣工预验收要求，制定标准化的绿色建造施工记录表格，结合单位、分部、分项工程验收同步开展绿色建造过程检查评价。在规定时间内完成临时用地的复垦和植被恢复，及时开展电磁环境、声环境、水环境、室内空气质量等相关检测，完成竣工环保验收和水保设施验收。补充绿色建造成果移交清单，建立基建项目“线上 GIM 数字化移交、线下绿色实物移交”的双移交机制，工程竣工后 3 个月内完成绿色建造相关资料归档，环保、水保验收报告在竣工后 6 个月内完成归档。（责任单位：建设公司。

配合单位：送变电公司、电科院、经研院）

2. 严格执行环保水保“三同时”制度

开展绿色建造工程的环水保政策适应性研究，落实环水保设施与主体工程“三同时”（同时设计、同时施工、同时投产使用）要求，发布输变电工程环水保标准化设计指导意见，细化可行性研究、初步设计及施工图设计的环水保深度要求，明确设计环水保审查要点及评价标准。加强现场项目部的环水保能力建设，明确环水保人员的配置和职责，细化现场管控要求。制定输变电工程水土保持工作指导手册，明确水保方案、水保监测、水保验收工作重点。建设单位组织或委托第三方检测机构开展室内空气质量、水质、固体废物污染、噪声、电磁环境等相关检测，并在规定时间内完成环保、水保验收工作。

五、加强绿色建造技术提升

全面探索装配式、机械化、数字化等前沿技术应用，加强环保水保管控，以技术创新迭代推动输变电工程绿色建造转型升级。

（一）装配式建设提升

1. 开展装配式建筑技术及应用研究

（1）发挥湖南省装配式建筑产业优势，依托变电站工程试点应用装配式混凝土（PC）建筑技术，开展基于预制混凝土结构的 BIM 多专业协同一体化智能设计、新型低碳高强材料装配式绿色建造技术体系以及再生材料的循环利用等系列研究，及时总结试点工程建设成效。（责任单位：经研院。配合单位：有关设计单位和科研院所）

（2）优化钢结构建筑物技术方案。优化连接节点与构造做法，明确制造标准，简化工艺要求。优化建筑围护结构，开展一体化内隔墙研究，探索屋面防水保温一体化面板集成技术，试点应用一体化纤维水泥装饰板外墙。开展钢结构耐久性、耐火性能提升研究，开展钢结构防火涂料、防腐涂料性能研究，开展高性能耐候钢适用性研究，提出与湖南地区气候相适应的钢结构耐久性设计方案。（责任单位：经研院。配合单位：有关设计单位和供应商）

2. 进一步深化预制件应用

（1）探索大型地下设施装配技术研究。研究突破大型地下设施的装配技术难题，包括主变、GIS等大型设备基础、构支架基础、房屋基础以及电缆隧道，探索科学合理的装配技术路线，逐步开展装配式支架基础、单层房屋基础的标准化应用。（责任单位：经研院。配合单位：送变电公司、有关设计单位）

（2）开展混凝土预制件轻量化研究。引入无机复合材料，开展装配式围墙等建构筑物轻量化研究。依托工程试点应用钢结构防火墙，引入地聚物等耐火材料，开展耐火试验，编制典型装配方案。引入超高性能混凝土，研究其在变电站预制件中的应用。（责任单位：经研院。配合单位：送变电公司）

（3）持续完善绿色建造计价体系。开展技经计价体系研究，进行充分的市场调研，深入分析产品成本，修订、完善各类绿色建材信息价及相关计价规则，促进电网装配产业健康发展。（责任单位：经研院。配合单位：有关设计单位、结算评审单位）

3. 大力加强装配式数字化支撑

（1）打通装配式建设数字化支撑应用链条。结合研究成果，选取具体工程开展试点，预制件生产运用“BIM + MES + CAM”透明工厂，实现自动化钢筋裁切、构件加工、墙板编码定位、埋管走线精准定位、即装即用等，提高建筑物装配效率；预制件装配运用“BIM + 物联网 + GPS”技术，通过RFID识别或二维码技术实现质量追溯；对预制件在施工现场的供货、堆放、吊装等实行信息化管控，形成基于BIM技术的模块化变电站数字孪生体系，支撑装配式变电站运维。（责任单位：建设公司、送变电公司。配合单位：有关设计单位、施工单位和供应商）

（2）构建装配式建设数字化支撑体系。研究数字化三维设计在装配式建设中的应用，探索装配件“设计—生产—施工”一体化应用场景，研究制定装配模型的具体规则、编码体系、应用接口和适用范围等。（责任单位：经研院。配合单位：送变电公司、有关科研院所）

（3）推进三维数字化正向设计。深化应用三维设计技术，提高协同设计效率，提升电网数字化水平。制定正向三维设计的实施方案，明确勘察设计过程中文件的数字化要求，提出正向设计的适用范围、成果标准，以及生产、施工应用需求。探索初步设计部分二维图纸的三维替代。（责任

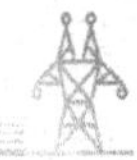

单位：经研院。配合单位：有关设计单位、科研院所）

（二）智能化建造提升

1. 探索智慧工地建设

推动输变电工程智慧工地建设。以施工过程为主线，利用轻量化三维GIS平台搭建“数字沙盘”，利用物联传感、移动互联网等先进技术，推动“人机料法环”全面可控、在控。以项目管理为中心，打造“多方协同、多级联动、管理预控、整合高效”的智能化、数字化智慧工地，提升绿色建造水平。（责任单位：建设部。配合单位：建设公司、送变电公司、各参建单位）

2. 推动工程全过程“无纸化”数据交互

开展工程全过程“无纸化”数据交互课题研究和工程试点。探索构建基建图文“无纸化”交互生态，利用电子签章、区块链加密、轻量化等技术，实现设计文件在设计评审、交付施工、设计变更、竣工图归档、移交运行等环节的“无纸化”流转。选取具体工程开展试点，打造“无纸化”示范工程。（责任单位：建设公司。配合单位：有关设计、施工单位）

3. 强化机械化施工支撑

（1）推进成熟装备开展电动化、自动化改造。大力推动岩石锚杆、螺旋锚基础等输变电工程专用施工器具研究。基础施工因地制宜地选用模块化钻机、电建钻机、分体式钻孔机等专业装备，组塔施工优先选用流动式起重机或落地抱杆，架线施工优先选用集控可视化牵张设备，以减少对环境的扰动。推动轻型标准化索道运输应用，大力开展输变电工程施工机械电能替代、智能化升级，对电建钻机、电建起重机等成熟装备进行电动化、自动化改造，提升智能化建造水平。（责任单位：送变电公司。配合单位：有关科研院所、制造企业）

（2）提升变电施工机械化水平。深入调研变电专业装备需求，结合自身实际，分析机械化施工装备的关键与难点，系统性开展技术研究和工法创新。针对变电站狭小空间内的设备安装，研制多功能、紧凑型运输车，以降低施工安全风险，提高施工效率。开展变电设备安装智能一体化装置使用成效评价，对装置开展智能化、模块化改造，以利于现场安装使用，并在各电压等级工程中逐步推广使用，提升组合电器等主设备安装智能化管控水平，形成典型施工工法。（责任单位：送变电公司。配合单位：有

关科研院所、制造企业）

（3）创新高压电缆机械化敷设施工工法。开展电缆隧道安全智能管控系统、高压电缆自动提升装置研究，从使用便捷、管控智能、安全高效等维度，开展技术创新和装备智能化改造，形成高压电缆机械化敷设典型施工工法。（责任单位：送变电公司。配合单位：有关科研院所、制造企业）

（三）新型电力系统建设推进

1. 推动电网智能升级

（1）提升电网动态感知能力。发布公司电网感知层建设指导意见，支撑新能源大规模接入，实现系统电压动态可调、控制保护更加迅速灵敏。研究输电线路的智能监测与预警、变电站感知与监控、基建数字化等技术，推进新型电力系统建设。（责任单位：经研院。配合单位：电科院、有关设计单位）

（2）创新开展数字孪生电网建设。开展电网数字孪生体建设相关课题研究，加强感知层和电网数字空间建设，形成与实体电网孪生映射的三维数字电网，提升电网推演预测能力。依托长沙500千伏岳麓变电站、110千伏蔡家变电站等开展工程试点，及时总结提炼经验，为后续推广应用奠定基础。（责任单位：经研院、建设公司。配合单位：有关设计单位）

2. 开展新型电力系统示范建设

（1）推进自主可控新一代二次系统变电站建设。2024年，竣工投产国网新一代二次系统试点工程——110千伏花桥变电站，开工建设湖南公司首个500千伏新一代二次系统示范工程——长沙县变电站，将全面提升电网的智能感知、远端维护水平，主动服务电网运维管理新模式。（责任单位：有关建管单位。配合单位：参建单位）

（2）开展示范工程建设并总结提升。实施省委220千伏、临湘东220千伏、瞎公塘110千伏、三汊矶110千伏变电站绿色智能建造新型试点示范工程，优化输变电工程建设方案，深化输变电工程模块化建设，试点应用新设备、新技术，打造绿色智能电网建设标杆。（责任部门：建设部。配合单位：建管单位等各参建方）

（四）环保水保管控提升

1. 加强环保水保数字化支撑

（1）提高数智化水平。打通公司输变电工程设计云平台与省自然资源厅生态红线数据库数据链，构建输变电工程空、天、地一体化环保水保云监控平台，通过叠加生态敏感区数据，实现对输变电工程站址、路径与生态敏感区的相对位置关系的智能分析研判，提升工程线路绿色化建造水平。（责任单位：电科院。配合单位：经研院）

（2）推动监控技术升级。搭建输变电工程空、天、地一体化环保水保监控数据链云平台，组建环保专业大数据研究团队，推动监控、监测智能识别技术迭代升级，实现输变电工程扰动面积与水保措施由人工研判向智能识别转变。（责任单位：电科院）

2. 加强环保水保新技术研究应用

（1）开展生态快速修复技术研究。研究适用于湖南地区典型地质条件的植被快速修复技术，形成表土剥离、土方处置、临时道路施工、植被复绿等施工工艺指导意见，强化施工期的水土保持措施管控，助力输变电工程绿色建造水平提升。（责任单位：电科院。配合单位：送变电公司）

（2）开展生活污水处理措施适应性研究。针对无人专职监管变电站生活污水排放的问题，开展生活污水处理措施的适应性研究，研发污水处理装置，形成无人监管变电站生活污水处置的通用方案。（责任单位：电科院。配合单位：经研院）

3. 加强噪声管控技术研究

开展复杂环境下变电站厂界噪声的自动识别和分离研究，依托工程开展示范应用，实现敏感区域变电站厂界噪声排放实时、准确监测，为电网工程绿色建造评价提供技术支持。开展湖南电网变电站降噪措施研究，修改完善《国网湖南电力变电站通用设计降噪分册标准化施工图》，更新超市化采购的低噪声设备和减振降噪新产品目录，强化降噪设备材料到货验收。（责任单位：电科院。配合单位：经研院）

六、健全绿色建造保障机制

建立基建绿色建造管控评价保障和创新支撑体系，推动绿色建造理念

在输变电工程建设全过程中的落实落地，推进基建新技术在绿色建造中的应用。

（一）强化绿色建造评价考核体系

1. 深化绿色建造验收管理

健全输变电工程“绿军装”验收考核技术标准体系。结合单位、分部、分项工程验收同步开展绿色建造全过程评价。针对湖南电网工程，制定绿色建造施工记录表格，推动固体废弃物、污水、噪声等环保控制记录，采用绿色节能新技术、可循环再利用材料，临时围挡、临建设施等周转设备（材料）重复使用等施工过程记录。建立绿色评价问题清单，从《绿色移交专项报告》中分析问题的原因、总结经验并提出后续整改措施。

2. 定期开展绿色建造过程监督

发布绿色建造评价实施细则并开展过程监督。在建管单位自查的基础上，定期开展绿色建造抽查监督，重点检查绿色建造策划落实情况和绿色施工实施情况；落实国网公司 2023 年对标体系要求，将绿色建造过程监督成效纳入建管单位同业对标考核体系中。

3. 打造绿色建造星级工程

（1）评选绿色建造星级工程。按照《国家电网有限公司输变电工程绿色建造评价指标体系》，公司建设部对自评超过 90 分的项目进行复核，并对最终得分超过 92 分、95 分和 98 分的，分别授予绿色建造“一星工程”“二星工程”和“三星工程”称号。获评“三星工程”称号的工程，择优推荐参与中国电力建设企业协会举办的绿色建造工程评选活动。

（2）落实“双碳”指标。建立公司基建专业碳减排指标体系，在绿色策划中明确“双碳”目标，分解建筑垃圾减量化、绿色材料应用、“四节一环保”、水土流失防控等“双碳”关键指标值，明确“双碳”实施的技术路径与措施。在实施过程中对“双碳”指标进行跟踪和控制。

（二）建立绿色建造创新研究体系

1. 打造绿色建造产学研联盟

依托省内先进装配式建筑产业链，与中建五局、中南大学等强企、高校共同打造绿色建造“产业联盟”，共同组建绿色建造“核心智库”，系统性开展装配式混凝土建筑应用试点、建筑材料循环利用、新型建造技术

和材料等研究工作。

2. 建立绿色建造培训交流机制

每年开展1～2次绿色建造技术和管理培训，全面宣贯技术标准、管理要求等，提高管理穿透力；动态跟踪绿色建造前沿技术，组织开展内外部技术交流。选择中心城区、工业园区等特色项目，邀请行业内外著名设计团队开展设计竞赛，提升公司的绿色建造整体水平。及时总结、提升绿色建造技术，主动参与省级、国家级绿色建造评优评奖活动，向社会传递电网绿色发展的理念。

国网湖南省电力有限公司
关于基建本质安全提升的指导意见

为持续提升基建本质安全水平，高效构建现代建设管理体系，公司聚焦“抓责任、精管理、固基础”，制定基建本质安全提升指导意见。

一、工作背景

（一）安全责任不实

输变电工程部分层级安全管理人员存在责任不清晰、管理工作不扎实、现场履职不到位、现场管控措施不落实等问题。建设管理单位安全责任考核未落实，部分业主、监理、施工项目部管控虚化，安全管控关键点未抓实，严重违章频发等顽疾未从根本上消除。部分设计、评审单位源头风险压降责任未落实。

（二）安全管理不精

部分单位安全管理资源配置不足，专业管理穿透力不强，项目管理策划针对性不强，建设环境要素保障不到位，风险查勘、识别评估不到位，标准化作业未严格执行，现场作业行为不规范；部分项目部对施工方案审批管理不严谨，施工方案交底流于形式，施工安全风险全过程管控不到位。

（三）安全基础不牢

部分单位基建安全管理制度不健全，管理体系运转不顺畅；管控手段相对落后，智能化、信息化技术手段应用滞后；队伍素质不高，未有效落实“四个管住”（管住计划、管住队伍、管住人员、管住现场）的管理要求。

二、工作目标及思路

以习近平新时代中国特色社会主义思想为指导，深入贯彻落实党的二十大精神，深刻践行公司“三天四最”安全理念，构建基建专业“四全”（全专业协同、全层级履职、全要素保障、全过程管控）安全管理体系，实现基建本质安全管理目标。

（一）工作目标

坚持“系统思维、综合施策、抓牢主责”，以“抓责任、精管理、固基础”为着力点，推动电网建设安全向预防型、主动式本质安全管理体系转变。聚焦作业现场，健全基建安全责任体系，压实“两个责任”（党委主体责任、纪委监督责任），打通安全履职“最后一公里”；紧扣关键环节，保障安全生产秩序，落实双重预防机制，提升安全管理水平，管住安全“关键节点”；狠抓基层、基础、基本功，抓实人才培育，完善考核激励机制，强化安全文化建设，全面提升基建本质安全水平。

（二）工作思路

1. 全专业协同

公司建设、安监、发展、设备、调控等部门全专业协同，业主、监理、施工、设计项目部全单元协作，打破专业壁垒，全方位联动，落实基建安全主体责任，组织指导现场标准化作业。

2. 全层级履职

完善公司、参建单位、项目部、作业班组的安全管理责任体系，明确职责，狠抓落实，重点抓实施工项目部的安全管理责任和作业班组的安全实施责任。

3. 全要素保障

通过保证体系、保障体系和监督体系协同配合，推动参建各方和外部单位共同发力，营造安全稳定的建设环境。通过“数智化”“机械化”“装配化”等现代化手段，构建新安全格局。

4. 全过程管控

设计源头管控、业主协调管理、监理旁站监督、施工执行落地，安全管理须贯穿工程建设的四个阶段，全过程压降和管控作业风险，全面开展隐患排查整治，构建事前统筹预控、事中动态管控、事后总结评价的风险防控体系，实现主动式安全管理目标。

三、重点工作举措

（一）抓责任

1. 抓实全专业的协同保障责任

公司及所属单位的各专业部门全面协同推进基建本质安全能力提升。

（1）建设部门负责归口管理基建安全工作，其中安全质量管理专业部门负责建立健全、督促落实基建安全管理规章制度，组织开展基建安全教育培训、风险管控、安全检查、应急处置等工作，考核、评价各单位安全工作成效；技术管理专业部门负责组织落实工程前期风险压降措施，研究并推广应用新技术、新装备，指导并组织开展机械化施工；建设管理专业部门负责组织制定输变电工程建设进度计划，落实标准化开工条件，保障合理工期和无障碍施工；技术技经专业部门负责组织科学、合理、足额地计列输变电工程安全相关费用，指导和监督安全费用专款专用；计划评价专业部门负责基建队伍建设，组织输变电工程数智化研究和推广应用工作。

（2）安监部门负责监督、检查和评价安全管理工作，健全、落实安全奖惩机制，组织安全文化建设。

（3）发展部门负责项目前期工作，优选变电站站址和线路走廊，组织实施源头风险压降措施。

（4）设备（运检、配电）部门负责运行设备安全管理工作，科学制定停电计划，保障施工跨越带电线路“能停尽停”措施的落实，制定运行设备的安全管控措施。

（5）营销部门负责协同保障施工跨越带电线路“能停尽停”措施的落实，明确停电线路所涉用户受影响的情况，做好供电服务管理工作。

（6）调控中心（供指中心）负责电网运行安全管理工作，合理安排电网运行方式，保障工程建设用电需求。

（7）产业部门负责产业单位的基建安全管理工作，组织开展产业单位

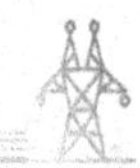

人才培育和队伍建设，推动“三项转型升级”，健全产业单位人才和机械保障机制。

（8）科数部门负责提供基建数字化技术支持和系统运维工作，推动“e基建2.0”应用的建设，配合感知层设备的研发应用，引导安全管理方式转型。

（9）人资部门负责健全基建专业人才引进、培养、激励和考核机制。

2. 抓实参建单位的安全管理责任

（1）建设管理单位在基建项目安全管理工作中履行的组织、协调、管理和监督职责。负责健全基建安全管理机制，组建电网建设专业安委会，定期分析安全形势；健全人才培养激励机制，优化人员配置；健全建设环境要素保障机制；实施主动式安全管理，健全全过程风险管控机制，独立设置基建安全质量监控分中心并进行实体化运作；健全应急响应和事故处置机制。

（2）设计及评审单位履行基建安全技术支撑职责。负责落实基建安全技术要求，制定风险源头压降措施，降低施工难度，改善作业条件，足额计列相关措施费用。

（3）监理单位履行基建安全监督管理职责。负责健全本单位基建安全管理体系，完善安全监理工作机制；健全人才培养和考核激励机制，配备合格的项目监理人员；检查、评价和考核项目监理工作，落实风险作业到岗到位要求。

（4）施工单位履行基建安全管理主体职责。负责健全基建施工安全保障体系，配足项目施工安全资源，改善劳动条件和作业环境，开展工法创新研究，为现场提供适用、好用的施工机械和工器具；健全外包准入、禁入和评价考核机制；推广应用创新工法，组建机械化施工自有班组，提升自主施工能力；健全施工人才培养和考核激励机制，提升其技能水平；健全应急响应和事故处置机制。

（5）专业分包商履行分包业务的安全管理主体职责。负责健全安全保障体系，配足施工安全资源，完善安全管理机构并实体化运作；健全安全教育培训机制，提升外包人员的安全素质；健全安全考核、激励机制，落实外包人员安全责任。劳务分包商负责提供合格的劳务作业人员。

3. 抓实项目部的安全管控责任

（1）前期项目部为“保障单元”，履行输变电工程建设环境要素保障职责。负责保障工程的建设和技术条件，跟踪落实风险压降措施，协调外部建设环境，保障无障碍施工。

（2）业主项目部为“指挥单元”，履行输变电工程安全综合管理和组织协调职责。负责对监理、施工项目部进行动态监管，对项目安全管理开展“日评价”工作；组建工程应急工作组；组织工程安全策划和交底；组织安全文明施工设施验收，监督安全文明施工措施费专款专用；组织开展安全风险管理，督促落实风险作业到岗到位要求；协调多个施工单位在同一区域内的作业活动；组织开展工程安全检查、隐患排查和评价考核工作。

（3）设计、评审团队为“技术单元”，履行输变电工程的安全技术职责。设计团队负责落实风险压降措施，编制《工程主要风险作业底数一本账》和《工程建设主要技术方案一览表》，明确风险预控措施，合理计列措施费用；落实设计现场工代服务，开展重大风险设计交底，及时据实开展设计变更和签证。评审团队负责重大风险设计审查把关，督促设计团队执行风险压降措施。

（4）监理项目部为“监督单元”，履行输变电工程的安全监理职责。负责编制监理安全策划文件；审查施工人员和机具的进场资格；审查作业风险底数、压降措施、施工方案和作业计划；对重要设施和阶段转序进行安全检查签证；落实风险作业到岗和安全旁站要求；驻队监理对作业班组开展动态监管，对计划、队伍和人员实施有效管理，监督标准化作业的开展。

（5）施工项目部为“作战单元”，履行输变电工程安全管理的主体职责。负责组织风险初勘复测，摸清风险底数，编制施工安全策划文件；组织施工人员、机具和安全设施进场；组织现场设备和工器具的安全检查；组织施工安全教育培训；编制施工方案和单基（段、台套）策划方案，开展安全风险和技术交底；编制报审施工作业周、日计划；落实风险作业到岗到位要求，对作业班组开展动态监管，结合“日晚会”对作业班组开展“日点评”，管好安全“最后一公里”；严格执行安全检查、评价和考核机制，落实作业班组准入要求，对班组人员配备及任职资格、班组日常管理进行检查，及时清退不合格的作业班组和人员；组织例行和专项隐患排查治理；组建现场应急救援队伍，执行应急处置和报告制度。

4. 抓实作业单元的安全执行责任

作业班组履行输变电工程现场的安全执行主体职责。班组骨干负责管理班组成员，检查和维护、保养施工机具；组织开展班组安全活动；参与风险复测，完善现场勘察记录；严格执行作业计划和施工作业票制度，落实风险预控措施的要求；组织、指挥、监督现场标准化作业，根据施工项目部的“日点评”及时整改存在的问题，将“日点评”结果纳入对作业班组数智化管控范畴，并应用于班组能力评估和施工任务安排；执行“五备、三报、一救护”作业班组人身伤害等突发事件应急处置工作要求。班组成员服从作业指挥，知晓作业任务和危险点，正确使用施工机具和安全防护用品，开展标准化作业。

（二）精管理

1. 全要素保障安全生产秩序

（1）前期保障建设秩序。建设管理单位组建前期项目部，负责开展项目前期和工程前期工作。前期项目部坚持安全管理关口前移和预判预控，强化工作组织，做好现场勘察，做优设计方案，压降风险等级，降低施工难度，办理合规手续，合理计列费用，优化建设时序，落实标准化开工条件，保障开工后无障碍施工。

（2）属地保障施工秩序。公司将电网建设环境要素保障纳入市（州）公司企业负责人业绩考核指标和同业对标考核范围，评分结果与电网建设投资挂钩。市（州）公司严格执行战略合作框架协议，促请各级政府出台支持性政策，内部建立市、县、所三级协调机制。区县公司落实工程建设环境要素保障主体责任，推动将电网建设工作纳入地方政府常态化工作治理体系。

（3）协同保障作业秩序。建设管理单位强化生产秩序管控，紧盯工程物资供应、停电需求等关键要素，及时协调重大事项，强化建设环境要素保障，提供良好的现场作业环境。施工单位提前保障人员、物资、机具的投入，施工项目部合理安排施工工序，强化作业计划管控。物资供应单位利用绿链建设成果，及时确认供应计划，保障连续性施工。公司安监部门健全人员准入等管控机制，确保合格人员及时进场作业。公司设备部门优化停电指标考核，跨越电力线路作业优先采取停电方式，跨越封（拆）网时必须采取停电措施，以降低触电风险。

2. 全过程落实双重预防机制

（1）前期压降作业风险。可研设计单位要做实前期勘查工作，从降低安全风险等级、施工技术难度、环境协调难度等维度，落实风险压降的主体责任。前期项目部应配置施工技术专业人员，深度参与输变电工程前期工作。可研单位在选址选线时应尽量避开不良地质和复杂地势。设计单位做实现场勘察，做优设计方案，严格落实《输变电工程建设风险压降措施八十条》中的设计压降措施，在初步设计时压减重大风险作业和危大工程数量，明确重大风险管控措施，特别是做细跨越和钻越带电线路的转供、停电或过渡方案，足额列支安全措施费用。评审单位严格审查压降措施落实情况，并出具专项评审意见。

（2）闭环管控作业风险。建设管理单位是落实风险压降措施的责任主体，负责组织风险勘查、交底、放行、实施和销号工作。设计单位执行现场工代和变更签证工作要求。监理单位参与重大风险勘查、审查，监督施工单位落实风险压降措施。施工单位是落实风险压降措施的责任主体，负责推广机械化、智能化创新工法，做实风险初勘复测，在施工过程中须严格执行“三算、四验、五禁止”强制措施，确保现场管控到位。

（3）重点管控重大风险。强化“8+2”工况、“三跨”等重大风险作业管控，参建单位严格落实现场踏勘、专项方案审查及全员交底、现场关键点管控措施、风险到岗到位要求等，针对线路工程“三跨”作业、参数测试和变电站改扩建工程临电作业，应逐项核对“把关要点”的落实情况。

（4）过程排治安全隐患。建设管理、监理、施工单位应结合月度安全检查等工作，按照“标准化排查、清单化治理、分层分级管控”工作要求，常态化开展隐患排查工作。安全隐患所在单位（项目部）是隐患排查、治理和防控的责任主体，负责采取遏止隐患发展的安全管控措施，并根据隐患具体情况和紧急程度，制定治理计划，明确治理单位、责任人和完成时限，做到责任、措施、资金、期限和应急预案“五落实”。对于因自然灾害可能引发事故的隐患，所属单位（项目部）应制定应急预案，采取可靠的预防措施。

3. 全方位提升精益管控水平

（1）推行标准化作业。公司组织编制《重大风险作业前检查放行卡》，班组骨干做好作业前准备，监理项目部做好作业前检查，三级风险

作业由驻队监理签字放行，二级风险作业由总监理工程师签字放行，确保严格按“首票提级管控”“首基提级管控”“首岗跟班培训”等要求执行。公司组织编制《标准化作业风险控制卡》，现场作业期间严格执行，全面落实“七分准备、三分实施”的标准化作业要求。

（2）倒查管理人员履职情况。公司深化安全稽查模式，从查违章向查管理延伸。发现严重违章时，倒查各级管理人员的履职情况，核查安全资源是否足额投入、安全活动是否正常开展、安全到岗是否到位等，失责必问、问责必严。

（3）强化主动式安全管理。严格执行风险作业“月计划、周安排、日管控”的要求，公司基建安全质量监控中心每日对输变电工程三级及以上风险作业进行放行许可和销号管理，重点管控风险作业计划制定和实施。各单位基建安全质量监控分中心推行“1 名值长 +1 名风险管控专责 +N名远程稽查人员”的远程监控值班模式，值班人员每周按照“评、算、核、查、判、提、跟”七步法开展工程梳理，通过“一看三查四预判”，重点监控作业现场“人机环管”因素变化，开展风险事项主动提醒并跟踪落实。

（4）打造本质安全管理“智库”。公司在经研院设置基建本质安全研究室，与公司基建安全质量监控中心合署办公，从完善管理举措、改变作业方法、改善作业环境、研发装置设备等方面入手，常态化开展输变电工程建设安全政策研究、管理创新和技术创新工作，从源头分析输变电工程现场长期存在的顽疾痼疾，逐项进行课题攻关，并组织指导建设公司、送变电公司等单位开展现场研究、试点示范等工作。近期做好主动式安全管理手段研究、基建安全关键指标管控和提升举措研究、新型杆塔防坠落装置、近电感知装置等的研发应用等工作。

（三）固基础

1. 健全四项安全保障机制

（1）健全项目管理评价机制。公司建立输变电工程建设“日评价”机制，抓实项目部安全管理责任和作业班组安全实施责任。由业主项目部组织、监理项目部协助，以在建项目为单元，对照项目发放日评价卡，从作业秩序、班组人员、作业行为、安全措施等维度，对工程管控状态进行每日评价。公司组织制定作业班组及骨干评价标准，施工项目部从“人、机、环、管”四个维度对其进行评价，评价结果与作业班组及骨干的优先上岗、评先评优挂钩，并纳入数智化管控。

（2）健全外包准入禁入机制。一是强化外包队伍管理，以问题为导向，以依法合规为核心，推进专业协同、上下联动、齐抓共管的施工业务外包管理机制建设。公司制定输变电工程建设施工外包管理制度，组织开展外包专项检查，参建单位开展外包工程评价，检查和评价结果纳入外包商资信评价和招投标管理，实行事前“挡出制”。二是强化产业工人管理，公司组织制定产业工人管理指导意见，搭建产业工人统一管理平台；建设管理单位和监理单位组织开展准入审查，完成外包人员实名制信息审查及入库工作。三是强化队伍及人员的禁入管理，公司健全安全警示约谈和“说清楚”等考核评价机制，系统内单位、新引进外包单位应组织开展实地考察，参建单位严格执行“交规式计分”和“两牌两单”管控，及时对计分超阈值外包单位和人员进行管控，引导施工业务外包单位规范自身管理，强化人员培育和管控，形成良性循环。

（3）健全安全激励考核机制。树立正向激励导向，公司设立基建安全风险压降专项奖、基建安全质量专项奖等奖项。各单位建立向一线人员倾斜的薪酬分配机制，建立健全“技术大师”“安全首席”“金牌施工项目经理”“五星施工班长”“卓越业主项目经理”评选及薪酬激励机制，探索团队激励、抢单制、岗位聘任制等多元化分配方式。公司按月点评基建安全管理情况，按季度通报安全指标排名，“零容忍”约谈违章、触碰“停工五条红线”、关键指标长期落后等的责任单位和个人。

（4）健全应急处置保障机制。业主项目部组建工程应急工作组，属地县区公司主要负责人担任属地应急联络人，配合开展重大突发事件应急处置工作。施工项目部组建现场应急救援队伍，对应作业现场配备应急救援车辆，组织实施突发事件应急处置和救援。业主项目部跟踪发布预警信息，组织开展驻地、材料站、作业现场、交通沿线的风险隐患排查治理。

2. 提升三项安全管理手段

（1）数智化减人。公司利用数字技术对基建安全数据进行分析研判，借助人工智能技术实现自动化控制和管理，全面应用“e 基建 2.0”，打造智慧工地建设标准和管理模式，建成人员队伍、现场风险等全要素感知的基建数智化管控平台，打造三级管控中心，固化“现场 + 远程”双重管控机制，实现方案交底、人员队伍、现场风险等要素实时感知和主动预警。

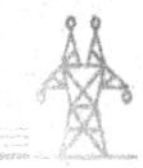

（2）机械化换人。公司建立机械装备研发合作机制，坚持储备一批、研发一批、成熟一批、推广一批，重点突破硬岩开挖、山区组塔、“三跨”等施工难题，开展无人机组塔研究。送变电公司、各产业单位组建机械化施工自有班组，打造流水线作业新模式。公司举办机械化设计和施工竞赛，提升机械化施工的组织能力和实战水平。

（3）装配化提质。公司组织研发适合厂内生产和现场安装使用的专用机械化设备，打造全自动化预制件生产流水线，组建专业预制件机械化安装班组，发挥装配化产业优势。施工单位推广应用装配化施工工艺、干式施工工法及集成模块化部品部件，以提高工作效率和工作质量；优选绿色材料，实现“四节一环保”的目标。

3. 打造高素质安全队伍

（1）培养一批项目管理人才。公司实施“336”基建人才培养工程，各市（州）公司制定实施跨专业轮岗锻炼计划，项目管理中心设置专职的安全专责岗位。建设公司、送变电公司、各产业单位实行新进员工职业和技能双导师制度，新进大学生应在一线班组锻炼至少3年，经所在单位人资部门考核合格后方可担任项目管理岗位。通过落实《关于加强施工项目部建设的指导意见》《关于加强业主项目部建设的指导意见》，强化业主、施工项目部的建设和管理。

（2）培养一批技术骨干。建设公司、送变电公司、各产业单位健全技术人员内部轮训和挂职挂岗制度，常态化开展输变电工程技术指导和检查工作。公司在劳动竞赛中设置地锚、拉线、牵张受力计算和设备选型等技术类子项目；组织技术培训和答疑，收集、编制核心技术问题详解图册；组织观摩和推广新技术。

（3）培养一批自有作业班组。全面落实公司《基建机械化施工三年提升计划工作方案》，送变电公司组织成立机械化公司，组建和培育全专业机械化班组，班组数量到2023年底时不少于50个；产业单位根据承接任务量，分步组建3～8个自有机械化施工班组，全面提升自主施工和应急抢修攻坚能力；制定班组骨干精英人才培养计划，依托湖南电网建设专业实训基地，组织差异化培训，开展年度技能等级评价，健全社会化用工择优录用机制，在产业单位直签员工招聘和市场化单位社会招聘时，同等条件优先录用。

（4）提升作业人员的安全技能。公司运用数字化技术搭建新产业工人管理系统和新产业工人培训系统，以实现标准化管理和精准化管控。强化参建人员的安全技能培训，协同安监、人资等部门，做好安全生产管理人员和班组人员安全技能考评工作，确保参建人员掌握本岗位安全技能，持续提升技能水平。送变电公司、各产业单位建立产业工人分类分级管理办法、薪酬激励机制和监督评价体系，组织分层分级培训和资格认定，保障工人的合法权益，推动作业人员由进城务工人员向产业工人转型。公司组织安全技能培训和评价，遴选和培育一批骨干、专家队伍。

4. 强化安全文化建设

（1）讲授一堂安全课。进一步落实各单位安全培训主体的责任，公司建设部负责人、参建单位负责人、工程项目部负责人根据工作实际，结合安全热点事件和重点要点，每年至少讲授一堂安全课，以增强全体员工的安全意识，营造浓厚的安全氛围。

（2）开展一次“说清楚”活动。各参建单位结合工程实际，针对自身存在的或被上级查处为严重违章、停工红线问题的，选取有代表性的事项，由违章责任人在月度会或季度安委会上开展“说清楚”活动，使各级管理人员、现场作业人员接受安全教育。

（3）总结一系列安全典型经验。公司建设部组织各单位全面总结近年的安全管理实践经验和典型做法，归纳形成诸如“先通风、再检测、后作业”等有效指导现场关键措施落实的安全标语，设置在相应作业现场，并由班组骨干在站班会上宣讲，让管控要求成为各级人员的行动指南，形成责任落实、生产有序、措施到位、执行有力的良好安全氛围。

四、工作要求

（一）高度重视，加强组织领导

各单位要把基建本质安全提升工作作为确保安全生产的有力抓手，主要负责人亲自部署，各级人员凝心聚力，统筹抓好基建本质安全提升各项工作；加强督导检查，推动措施落实，确保实现既定安全目标。

（二）齐驱并进，深化专业协作

各单位要充分发挥各层级、各专业的作用，建立分工协作机制，落实

管理主体责任，强化执行过程管控，形成各层级、各专业合力，实现基建本质安全提升工作全层级、全专业共同协作。

（三）统筹兼顾，强化工作成效

各单位要结合工作实际，将基建本质安全提升指导意见进行细化分解，制定具体措施并严格执行，确保工作实效。在实施过程中要及时总结经验，挖掘亮点，填补漏洞，加深交流，相互促进。

国网湖南省电力有限公司
关于组建输变电工程前期项目部的指导意见

为深入推进“两个前期”工作融合，强化系统思维，加强工作统筹，持续提升前期工作质效，保障无障碍施工，公司组织研究制定了本指导意见。

一、工作现状与总体要求

（一）工作现状

2021年以来，公司立足于全面推动湖南电网高质量发展，落实国网公司与湖南省人民政府战略合作框架协议，围绕电网规划落地、提高投资效益、加快项目推进等工作目标，持续深化项目前期与工程前期融合，相关部门积极参与，分工合作，取得了较好的成效。然而，项目前期与工程前期仍然存在专业协同不够、信息共享不够、前后环节参与不深等问题，“两个前期”工作融合仍有待提升。

（二）总体要求

1. 基本原则

（1）一条工作主线。以形成综合最优技术方案、提升工作效率为主线，推进“两个前期”工作深度融合，组建前期项目部，相关专业深度参与、协同联动、贯穿始终。

（2）一个工作计划。以“四个一批”（电网工程储备一批、核准一批、开工一批、投产一批）为目标，统筹“两个前期”工作节点，合理制定前期工作计划，结合电网发展需要制定工程建设进度责任目标。

（3）一个技术方案。突出施工专业技术团队全程参与项目可研及设计工作，进一步提升技术方案的可实施性，落实全过程风险压降要求，减少实施过程中的变更。

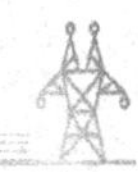

（4）一个评价体系。将立项条件、建设条件、开工条件的落实情况作为评价前期项目部工作成效的主要指标，保障项目依法合规开工，高效推进。

2. 主要目标

以前期项目部为统领，根据电网运行及电网负荷情况，合理铺排年度“四个一批”电网建设项目，充分共享资源，实现前期工作各环节的高效衔接。充分发挥各级政府要素保障的主导作用，确保规划站址、廊道落地；做细做优技术方案，加快前期审批手续办理，紧盯土地报批、征拆场平、塔基交桩、配套路由等建设环境关键要素，推动电网项目无障碍开工、有序推进、均衡投产。

二、前期项目部组建与工作责任体系

（一）前期项目部组建

公司下达项目前期工作计划后一个月内，由建管单位按项目成立前期项目部。前期项目部实行项目经理负责制，项目经理为前期工作的第一责任人，负责统筹各方资源，推进前期工作进度；配合业主项目部，协调工程建设过程中外部重大建设环境问题。公司发展部负责项目前期总调度，公司建设部负责工程前期总调度。

建设公司建管项目（含特高压）由建设公司组建前期项目部，建设公司委派人员担任项目部经理，业主项目经理担任项目部副经理（前期项目经理与业主项目经理不能兼任）。项目部由设计项目经理、施工技术专业经理、物资管理人员、属地市（州）及区县公司、属地市（州）及区县政府电建办等组成。

市（州）公司建管项目由市（州）公司组建前期项目部。在项目前期阶段由发展部委派人员担任项目经理，在工程前期阶段则由建设部委派人员担任项目经理，业主项目经理担任副经理。项目部由设计项目经理、施工技术专业经理、物资管理人员、属地区县公司、属地区县政府电建办组成。建设公司移交市（州）公司建管的项目，按照移交工作节点分阶段成立前期项目部。

前期项目部组织结构见附件1，前期项目部成员及岗位职责见附件2。

（二）前期工作责任体系

梳理出前期项目部3大类、61项工作职责。其中，牵头部门负主责，负责单位或部门进行具体实施，参与单位或部门履行好专业职责。具体工作责任事项清单见附件3。

（1）项目管理类前期工作职责：发展部负责项目前期阶段的工作组织、全面协调，建设部负责工程前期阶段的工作组织、全面协调，“两个前期”工作深度融合，全面统筹。建设公司前期中心负责所辖项目的前期工作管理，做好前期管理支撑，业主项目部全程参与。

（2）专业协同类前期工作职责：设备部（运检部）、超高压变电公司（变电检修公司）、超高压输电公司（输电检修公司）参加可研内审评审、初步设计内审评审、施工图设计评审，参加重大设备技术协议的签订，将运行维护检修的要求贯彻到设计图纸、设备采购中。调控中心、信通公司参加可研内审评审、初步设计内审评审、施工图设计评审，对自动化、二次保护、通信等专业进行重点审查，审核稳控方案、停电过渡方案。物资部、物资公司负责安排物资、服务招标批次，协调新物资采购技术规范，组织制定申报计划，并负责具体采购事项，及时签订供货合同。

（3）项目建设类前期工作职责：勘察设计单位履行合同要求，执行各类规程规范，落实公司各项管理制度，负责选址选线、查勘、可研编写、初步设计、施工图设计，配合开展项目核准工作。施工专业前期技术团队参与初步设计、施工图设计，重点关注变电站设计方案中压降风险措施的可实施性，确保线路路径最优、杆塔定位合理、重要跨越可行、工程量计列准确。第三方服务单位根据合同委托，负责完成评估、方案编制、问题研究等工作。

（4）保障支撑类前期工作职责：由公司发展部、建设部负责，建设公司协助对口联系发改、自然资源、林业、生态环境、水利等省直部门，建立与省直部门的沟通协调机制。市（州）公司发展部、建设部负责对口联系市（州）发改、资规、林业、生态环境、水利等市直部门。区县公司协调区县政府、职能部门、属地乡镇街道等参与选址选线、路径优化、杆塔定位，全面负责征地拆迁、塔基占地青赔交桩、施工环境维护等工作。经研院（经研所）负责可研、初步设计内审评审，支撑省、市（州）公司专业部门的可研和设计技术管理，参与重大技术方案研究。

三、前期项目部的主要任务

（一）落实立项条件

1. 选址选线

主要负责组织复核国土空间规划成果，组织站址、路径踏勘，开展地下管线收资，召开选址选线确认会，取得政府相关部门的支持性意见。可研审定后，根据项目需要启动调规程序。若原纳规站址不能满足边坡、挡墙、进站道路的布置要求，则协调自然资源部门开展站址调规，或者由属地政府承诺对超出红线范围的土地同步开展统征。

（1）规范选址条件。按照《关于强化220～500千伏输变电工程选址选线工作管理的指导意见》（湘电公司发展〔2021〕283号），从系统位置、建设条件、工程投资等维度进行综合比选，实现选址成果“综合最优、相对最优”。对于边坡高度，220千伏及以上变电站以土质边坡为主的，不宜超过10米，以岩质边坡为主的，不宜超过15米；110千伏及以下变电站土质边坡不宜超过5米，岩质边坡不宜超过10米。对于挡土墙临空高度，220千伏及以上变电站不宜超过8米，110千伏及以下变电站不宜超过5米。

（2）做好土方量优化。站址标高应与周边道路相协调，在满足防洪要求的前提下，农村地区的变电站原则上应保持土方挖填就地平衡。对于挖填土方量，500千伏变电站不宜超15万立方米，220千伏变电站不宜超5万立方米，110千伏变电站不宜超2万立方米，35千伏变电站不宜超1万立方米。若站址边坡、土方工程量超过一般工程建设标准，应加强系统位置条件、工程投资等因素的综合比选，通过召开选址选线评审会议确定综合最优方案。

（3）落实配套路由建设时序。当线路经过规划待建道路、配套电力廊道时，应在可研评审收口前取得政府主管部门的建设时序承诺函。利旧电力埋管时应在可研阶段开展管道试通，以明确管道是否畅通，对于无法使用的管段提出整改意见。

2. 可研编制

负责组织完成可研编制，论证给排水、道路引接、施工电源、外接电源方案，向政府提供投资建设电缆通道设计要点。

（1）加强征地价格沟通。由设计单位根据现场实际情况，按照地方拆迁补偿政策及相关规定定额计列征地费。前期项目部协调并与政府部门进行洽谈，如征地补偿费用超过框架协议包干价格，或无法就征地价格取得一致意见的，采取“一事一议”的方式进行沟通汇报。

（2）协调电缆通道方案。对于含有边坡、挡墙的变电站工程，电缆出线通道应修建至边坡、挡墙的外延，以避免后期电缆沟开挖过程中造成场地沉降、边坡垮塌。

3. 专题评估

主要组织编制环评报告、水保报告，地灾评估，压覆矿查询，环境敏感区专题评估。

（1）落实环境敏感区要求。贯彻执行《关于进一步加强涉及生态敏感区输变电工程选址选线工作管理的通知》（湘电公司发展〔2022〕206号），认真做好方案比选，避开自然保护地和风景名胜区的核心区，尽量避开或者少占基本农田、绿心、生态红线、自然保护地和风景名胜区一般区等。涉及环境敏感区的路径段的可研应达到初步设计深度。组织相关评估单位对可研方案提供专业意见。

（2）做好机械化施工与环水保方案。可研阶段110千伏线路工程临时用地按照1亩/基、土方量按照70立方米/基计列；220千伏线路工程临时用地按照1.5亩/基、土方量按照100立方米/基计列；500千伏线路工程临时用地按照2亩/基、土方量按照180立方米/基计列。根据可研估算工程量编制水保方案报告表（书），水土保持专题评估、植被恢复等费用据实列入初设概算。强化设计与环保水保等服务支撑单位的提资对接，可研审定后即启动环保水保专项方案编制，初步设计内审前完成环保水保内审，设计单位参与环保水保报告审查。

4. 项目核准

负责取得用地预审与选址意见书等核准支持性文件，编制核准报告，报送并取得核准。

（二）落实建设条件

1. 查勘收资

负责组织查勘路径、站址，开展线路、站址详勘，复核利旧管道是否

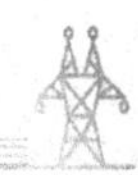

通畅，开展地下管线物探，收集运行设备现状资料。

（1）加强现场查勘。在设计单位完成站址初选后，前期项目部组织施工技术专业经理对站址、路径进行联合查勘，初步确认站址布置、场平方案、线路路径方案。重点关注系统位置、站址标高、边坡挡墙设置、重要交叉跨越、线路改接方案等的合理性，确保方案综合最优。

（2）加强管线物探和管道复核管理。对于沿城市道路架设的线路廊道，要组织设计单位对杆塔基础位置开展全线物探，探明管线类别、大小、具体位置等，影响基础施工的需要在初步设计中计列迁改工程量。对于利旧电缆管道，在可研阶段试通的基础上，仍需在初设阶段再次复核试通结果。

（3）加强现状收资管理。设计单位在可研和初设阶段应按照设计深度的要求收集在运设备资料，必要时由前期项目部向运行单位协调提资，重点关注扩建站接地电阻、利旧房屋、电缆通道、站内道路、电容电流等的运行情况。

（4）提高地勘质量。一是开展地勘监督抽查。设计单位进行地勘前，应将现场地勘计划上报前期项目部，前期项目部组织抽查地勘现场，提高地勘报告的真实性、准确度。二是加强地勘协调。设计单位在地勘进场过程中如有阻工，前期项目部应开展进场协调。在勘察过程中如有青苗损坏产生补偿费用，则据实列入工程费用。三是加强设计评审把关。将勘察报告作为初步设计和施工图评审的前置条件，对报告缺失或深度严重不足的予以评审“挡出”。充分发挥省经研院岩土勘察专业的支撑作用，对重点输变电工程开展勘察专项评审。

（5）合理确定杆塔位置和形式。一是推广应用数字技术。全面应用数字航测和三维设计技术，优化线路路径，塔位选择尽量靠近已有道路，避开高陡边坡等不利地形。二是综合确定杆塔位置。杆塔定位应综合考虑协调难度、施工风险控制、施工难度、环境保护、风俗习惯等因素，可以进行局部路径优化，形成综合最优的杆塔选址方案。前期项目部组织设计、施工，区县公司、属地政府参加，共同确认杆塔位置。三是优化基础杆塔型式。根据现场坡度、铁塔根开范围，合理选择塔位的中心位置，每基塔位施工作业平台不宜超过两个，优化高低腿配置，避免施工完成后基础露头过高。

2. 专项方案

组织细化给排水、道路引接、施工电源、外接电源接入方案，机械化施工技术方案，停电过渡方案，线路“三跨”方案，物资拆旧回收方案，开展环保水保内审工作。

（1）做实机械化施工单基策划。初设阶段的机械化施工方案应综合考虑物料运输、机械设备选用、设备进场、牵张场设置、重要跨越（铁路、高速公路）等机械化施工作业因素，施工便道修建宜采用原有小路或沿山脊修筑，禁止采用“之”字形盘山路、大面积开挖回填修筑等方式。设计方案应充分考虑乡村道路承载力不足、道路宽度偏窄等实际情况，将道路损坏与拓宽的工程量列入工程暂估价。评审单位应在评审意见中设置机械化施工评审专章。

（2）制定、细化停电过渡方案。一是在可研阶段编审专项方案。对于原址重建项目，在可研阶段需编制停电过渡专题报告，其他涉及停电过渡的项目需在可研报告中编制停电过渡章节，可研审查时调控、建设、运维等部门需加强专业把关。二是在初设阶段，前期项目部组织相关专业部门开展变电站全停、参数测试、同塔双（多）回、交叉跨越等停电过渡专项评审，必要时组织现场踏勘，形成达到施工图设计深度的停电过渡方案，并经发展、建设、调控（供指）、运维专业把关。三是优化跨越线路方式。跨越在运 10 千伏及以下配网线路的输电线路（含光缆）架设、拆除施工，原则上应停电进行，确实不能停电的，应采取电缆过渡、白停晚送等方式，个别不具备以上条件且地形条件较好、预估跨越架高度不超过 18 米的，可采取搭设跨越架或织网的方式跨越施工。跨越 35 千伏及以上线路应停电施工。

（3）制定、优化重要交叉跨越方案。输电线路“三跨”段前后 1 公里范围内如有隧道的，应优先采用跨越隧道的路径方案。同一跨越耐张段，原则上应避免同时跨越两处及以上高速公路、铁路和 110 千伏以上电力线路。跨越高铁时应避免同一耐张段内同时跨越高速公路及不宜长时间停电的重要线路。交叉跨越线路应尽量避免在线路正下方组立新塔，优化设计方案，尽量避免交跨放线施工出现二级作业风险。尽量优化路径，减少线路跨越房屋。

3. 设计编制

组织开展初设编制、初设评审、初设批复，编制施工图，环保水保报

告外审，施工图评审。

（1）源头压降施工风险。一是落实建设全过程风险管控。除业扩配套项目外，变电站原则上“两年内不扩间隔、三年内不扩主变”；变电站进出段、特殊跨越段（跨越高铁、电气化铁路、Ⅰ级通航航道等）同塔线路部分，在5年内有建设规划的应同步挂设导线。二是优化设计方案。建构筑物基础应浅埋，基础埋油池等基础埋深原则上应控制在5米以内。在主控室屏位预留充足的情况下，改建、扩建工程增加的保护、测控设备宜单独组屏，不与运行设备共用屏柜；如无预留屏位，经与运行单位沟通后，可与运行设备合理共同组屏。三是加强评审把关与风险交底。在可研、初设和施工图设计阶段，严格落实“输变电工程三级及以上风险设计压降措施清单”。施工图设计阶段确定“三级及以上风险作业清单”，作为工程风险管理的“底数”。三级及以上风险列入施工交底范围，经施工、监理、业主等复审后列入交底纪要。

（2）抓好设计进度管控。一是尽早启动初步设计。结合项目前期及次年开工项目的排序结果，尽早启动初步设计。根据电网需求及工程前期合理工期确定工程建设进度计划，明确设计进度责任目标，并列入合同考核范围。二是加强物资计划申报管理。扩建工程如因工程建设进度需要，在可研审定后进行物资采购计划申报，新建输变电工程原则上在初步设计审定后开展物资采购计划申报。三是加强施工图设计进度管控。按照通用设计、通用设备开展施工图设计及评审，施工图设计深度、质量未达要求前不得进行施工图预算评审，严格管控施工阶段的“量差变更”。工程开工前一个月，设计单位应提供满足开工要求的施工图纸。原则上施工图评审意见下达前应取得环评及水保方案批复文件。

（3）提高评审和收口效率。前期项目部应加强可研内审管理，并在可研阶段持续深化评审即收口工作。可研评审后，督促设计单位在5个工作日内提交设计收口资料，评审单位在3个工作日内完成收口复核，完成收口复核后15天内出具可研评审意见，紧急项目于5～10天出具可研评审意见。初设设计评审完成后，前期项目部应加强对评审单位提出问题的协调跟踪，力争在评审后15日内完成收口，一个月内完成评审意见下发。原则上初设收口前环评、水保方案应经政府主管部门审核同意。

4. 招标采购

编制施工招标工程量清单与控制价，申报物资及服务采购计划，物资及服务招标采购，签订主设备技术协议，签订物资及服务合同。

加强单一来源和非标物料采购管控。一是从设计源头上选择标准物料。设计单位在选择物料时原则上应采用标准物料，若生产厂家不能满足通用设备要求，应及时向公司建设部汇报协调。二是加强物料选型把关。评审单位在初步设计阶段对照物资部门下发的优选物料清单进行设备选型，确需增补的物料型号由评审单位向公司建设部提出增补申请。三是优化单一来源采购审批。单一来源及非标物资采购，20 万元以内的（按照单项工程、单一物资类别）由建管单位负责审批，20 万元以上的由建管单位审核后报公司建设部审批。单一来源的物资采购价格上原则不超过上批次中标价格的 1.3 倍。

（三）落实开工条件

1. 开工手续

变电站开工前需取得站址农用地转用、土地征收审批单和国有建设用地划拨决定书、建设工程规划许可证（仅规划区变电站）；线路铺设前需取得使用林地审核同意书、建设工程规划许可证，并办理采伐证（含永久占地和临时用地），将线路塔基坐标向属地规划部门报备；项目开工前需取得环保水保批复，缴纳水土保持补偿费。

（1）及时办理绿心准入手续。设计单位在办理线路工程绿心准入手续时，应联合项目施工单位预估临时用地面积，在绿心准入意见中统筹考虑永久占地面积和临时用地面积，避免在办理林业手续时出现使用林地面积超出绿心准入面积而不予审批的情况。

（2）高度重视临时用林手续办理。临时占林受施工道路影响较大，在机械化施工单基策划方案中，必须明确临时道路的宽度、路径、土方处理等关键要素，设计单位要做单基道路设计。建管单位在办理线路工程临时用林手续时需严格按照设计图纸中注明的占林面积，特别是长株潭地区绿心准入手续办理时，应考虑周密临时林地面积。

2. 站址交地

签订站址征地协议，完成站址清表及房屋倒地、召开场平技术交底会，把关场平质量，完成站址交地验收。

（1）明确站址征地协议工作界面。市、县城区变电站按照框架合作协议签订征地协议，原则上由政府负责征拆与场平、交熟地，但对于边坡、

挡墙、压实工作量较大的，建议列入施工招标范围。对于农村变电站，政府负责征拆、清表，边坡、挡墙、场平、压实列入施工招标范围。

（2）协调好红线外用地。针对选址阶段无法将变电站进站道路及边坡纳入控规或征地红线的站址，根据选址阶段政府相关承诺，在用地协议中争取由政府对站址红线外的进站道路及边坡进行统征并办理用地手续。补偿费用可按永久占地计列，供电公司对进站道路享有永久使用权。

（3）场平进场交底及交地验收。对于由政府负责的变电站场平工作，在进场前，前期项目部应组织场平业主及施工单位开展设计交底，由设计、业主、施工项目经理参加。场平过程中业主项目部应组织施工单位加强场平关键工序把关，重点关注边坡、挡墙质量及回填土夯实度、鱼塘或集水坑清淤换填等工作。场平完成后，由前期项目部组织场平业主、施工单位及设计、业主、施工项目经理参加验收，形成诸如场平验收是否满足要求的明确性意见及遗漏问题的后续处理要求。

3. 塔基交桩

签订塔基占地及青赔补偿协议，召开线路启动会，完成塔基交地。

及时组织召开线路进场启动会。线路施工单位现场调查完成后，应编制详细的调查报告，列出线路沿线涉及的乡镇（街道）、村组（社区）以及施工手续办理涉及的行政部门（单位），提出具体请求事项，由前期项目部协调属地区县公司对接区、县（市）电建办组织设计线路，乡镇、街道召开进场启动会。

4. 配套路由建设

参与电气接口部分方案审查及施工图交底，加强电缆通道过程进度质量管控，完成电缆通道验收交付。跟踪协调配套市政道路建设进度。

（1）协调跟踪路由工程落实投资计划。市（州）公司发展部积极向市、县电建办汇报，促请其将电网建设配套路由列入政府市政基础设施建设年度计划，并明确配套路由、市政道路建设责任单位和建设计划。前期项目部跟踪配套路由前期工作进展，组织开展初步设计审查，确定管线建设设计要点。

（2）路由建设进度质量管控。前期项目部在路由施工单位进场前，应组织业主项目部、运行单位参加路由建设进场前设计交底会议。业主项目部应对电缆通道建设进行全过程、项目化管理，组织开展中间抽查并参与阶段性验收、竣工验收。

四、工作运转机制

（一）做好前期工作策划

前期项目部组建后，按输变电工程开展前期工作策划，应分解前期重要工作的时间节点、责任单位与责任人，列出存在的突出问题与难点问题，以及解决办法、调度协调计划等，明确第一次联合查勘时间及成果出口把关程序。

（二）规范人员变更管理

前期项目部成立时，应明确责任单位或部门具体的责任人。因工作岗位调整需要更换项目经理时，应履行变更备案；柔性团队成员部门或单位更换责任人时，应报前期项目部备案，明确更换后的责任人，并落实工作接续要求，方便工作联络。

（三）建立协调调度机制

项目经理负责统筹协调、调度前期各项工作，各分项目经理服从项目经理安排。前期项目部根据工作需要，在不同阶段由相应的项目经理组织相关责任部门和单位实行"周碰头、月调度、重要事项专题调度"机制，确保项目信息共享，及时协调解决存在的问题。

（四）建立政企对接机制

将市、县电建办相关人员纳入前期项目部，统筹开展与属地政府的沟通协作。前期项目部统筹对外协调问题，按照"分级管理、协调联动"的原则与政府对接，建设公司对口联系省直部门单位，市（州）公司对口联系市政府及市直部门单位，区县公司对口联系区县（园区）及区直部门单位，供电所、网格站对口联系乡镇（街道）及相关部门单位。

（五）建立联合查勘和成果把关制

前期项目部各成员联合查勘，查勘报告、技术方案成果由施工和设计单位共同把关，以确定最优技术方案，明确方案落地需要获取的支持性文

件和需要协调解决的问题，建立问题清单销号制进行管理。

（六）建立通报考核机制

前期项目部将前期工作质量纳入建管单位、区县公司的电网建设环境保障考核和评价范围，纳入企业负责人绩效考核体系。对于前期工作质量不高、进度滞后的责任单位，将纳入前期工作通报，并在每季度进行考核。

（七）规范前期成果移交

项目开工前，前期项目部应向业主项目部移交前期工作成果，包括但不限于项目立项文件、初设批复、施工图评审意见及环保水保批复、水土保持补偿费缴纳凭证、工程建设规划许可证等依法开工所需的各项手续办理，形成双方书面交接记录单。

五、工作要求

（一）提高站位，加快组建

前期项目部是现代建设管理体系建设的重要内容，是项目建设的保障单元。各建管单位要高度重视，提高站位，加快前期项目部组建及人员配备，建立前期项目部的工作机制，实现工作高效运转。

（二）协同发力，强化支撑

公司、市（州）公司、县公司协同发力，县公司负责对接县级行政主管部门，市（州）公司负责对接市级行政主管部门，公司负责、建设公司协助对接省级行政主管部门，跟进办理相关审批手续，提升项目审批手续办理效率。

（三）分解任务，责任到人

各单位要认真组织梳理本单位“四个一批”计划表，分解任务，责任到人，充分发挥前期项目部的组织协调与柔性技术团队的技术支撑作用，形成上下联动、专业协同的工作氛围。

（四）狠抓落实，确保成效

各单位要严格落实工作要求，加快推进前期项目部组建及工作运转，推动现代建设管理体系落地执行。年底前对前期项目部运转情况、工作开展成效进行总结，提炼典型经验，改进工作方法，促进建设管理水平不断提升。

附件：

1. 前期项目部组织结构
2. 前期项目部成员及岗位职责
3. 前期项目部管理工作责任事项清单

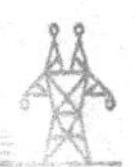

附件 1

前期项目部组织结构

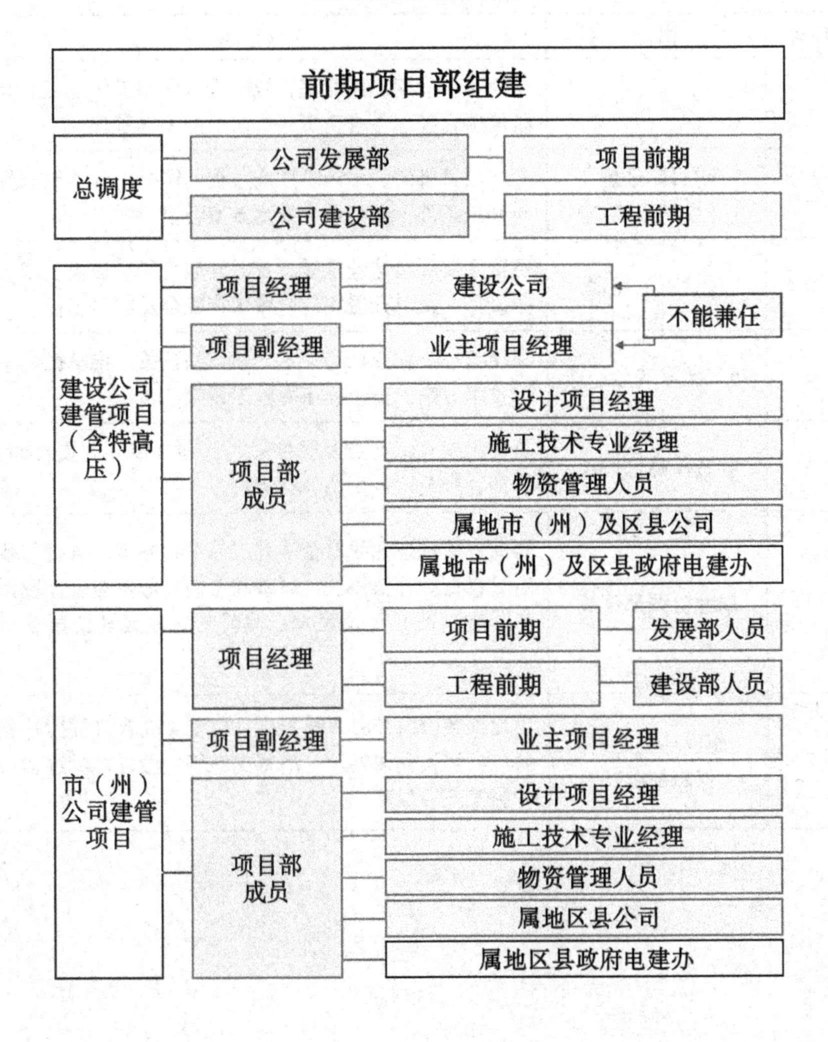

附件2

前期项目部成员及岗位职责

序号	岗位	工作职责
1	项目经理	全面负责前期工作管理，统筹推进前期工作进度。分阶段项目经理各自负责相应阶段的工作管理
2	项目副经理（业主项目经理）	参与项目可研、设计阶段全过程，掌握工程建设条件与开工条件，参与重大技术方案会审
3	设计项目经理	负责开展项目选址选线，及时开展可研、初设、施工图设计，及时开展相应阶段评审配合及收口工作
4	施工技术专业经理	深度参与工程查勘与技术方案审核把关，推动优化工程技术方案，全过程压降施工风险
5	物资保障部部长	负责组织收集物资及服务采购计划，签订物资合同，协调物资及服务采购各类问题
6	属地协调部部长	协助开展选址选线及依法开工等手续办理，负责与政府签订征拆补偿协议，联系政府做好电网建设环境保障［市（州）公司发展、建设、属地区县公司各一人］
7	建设环境要素保障部部长	由属地政府电建办人员担任，负责牵头签订征拆补偿协议，加快完成站址、塔基交地等，做好建设过程中的施工环境保障

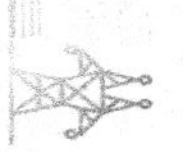

附件3

前期项目部管理工作责任事项清单

序号	类别	工作责任事项	部门（牵头★，负责●，参与○）					单位（牵头★，负责●，参与○）						属地公司［建设公司建管项目为市（州）、区县公司，市（州）公司建管项目为区县公司］	属地政府	设计单位	技术支持（施工专业）	第三方服务单位
			发展部（前期中心）	建设部（前期中心）	设备部（运检部）	物资部	调控中心（供指中心）	建管分公司（项目管理中心）	经研院（经研所）	电科院	信通公司	超变公司（变检公司）	超输公司（输检公司）					
一、立项条件																		
1	选址选线类	复核空间规划纳规成果	★					○	○					○	○	●		○
2		站址、路径启动调规	★					○	○					○	○	○		●
3		站址、路径踏勘	★	○				○	○					○	○	●		

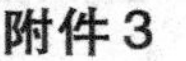

续上表

序号	类别	工作责任事项	部门(牵头★，负责●，参与○)					单位(牵头★，负责●，参与○)						属地公司[建设公司建管项目为市(州)、区县公司，市(州)公司建管项目为区县公司]	属地政府	设计单位	技术支持(施工专业)	第三方服务单位
			发展部(前期中心)	建设部(前期中心)	设备部(运检部)	物资部	调控中心(供指中心)	建管分公司(项目管理中心)	经研院(经研所)	电科院	信通公司	超变公司(变检公司)	超输公司(输检公司)					
4	选址选线类	选址选线确认会议	★	○				○	○					●	○	○		○
5		站址、路径协议签订	★	○				○						○	○	●		
6		站址、杆塔基础初勘，收集地下管线资料，现场核实基本可用性	★	○	○							○	○	○		●		

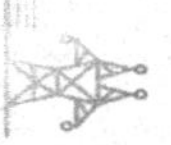

续上表

序号	类别	工作责任事项	部门(牵头★，负责●，参与○)					单位(牵头★，负责●，参与○)						属地公司[建设公司建管项目为市(州)、区县公司,市(州)公司建管项目为区县公司]	属地政府	设计单位	技术支持(施工专业)	第三方服务单位
			发展部(前期中心)	建设部(前期中心)	设备部(运检部)	物资部	调控中心(供指中心)	建管分公司(项目管理中心)	经研院(经研所)	电科院	信通公司	超变公司(变检公司)	超输公司(输检公司)					
7	可研编制类	可研编制	★	○	○		○	○	○			○	○	○		●		○
8		论证给排水、道路引接、施工电源、外接电源接入方案的可行性	★	○				○						○	○	●		

续上表

序号	类别	工作责任事项	部门（牵头★，负责●，参与○）					单位（牵头★，负责●，参与○）						属地公司［建设公司建管项目为市（州）、区县公司，市（州）公司建管项目为区县公司］	属地政府	设计单位	技术支持（施工专业）	第三方服务单位
			发展部（前期中心）	建设部（前期中心）	设备部（运检部）	物资部	调控中心（供指中心）	建管分公司（项目管理中心）	经研院（经研所）	电科院	信通公司	超变公司（变检公司）	超输公司（输检公司）					
9	可研编制类	利旧管道试通，对外提供新建电缆通道（政府投资）的规划设计要点	★	○	○			○	○				○	○	○	●		
10		可研评审	★	○	○	○	○	○	●	○	○	○	○	○		○		○
11		可研批复	●															

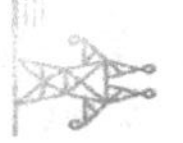

续上表

序号	类别	工作责任事项	部门（牵头★，负责●，参与○）					单位（牵头★，负责●，参与○）						属地公司［建设公司建管项目为市（州）、区县公司，市（州）公司建管项目为区县公司］	属地政府	设计单位	技术支持（施工专业）	第三方服务单位
			发展部（前期中心）	建设部（前期中心）	设备部（运检部）	物资部	调控中心（供指中心）	建管分公司（项目管理中心）	经研院（经研所）	电科院	信通公司	超变公司（变检公司）	超输公司（输检公司）					
12	专题评估类	环评报告编制		★				○	○	○								●
13		水保报告编制		★				○	○	○								●
14		地灾评估	★					○										●
15		压覆矿查询	★					○										●
16		环境敏感区专题评估（绿心、生态红线、生物多样性、风景名胜区、通航、防洪等）	★	○				○	○					○	○	○		●

续上表

序号	类别	工作责任事项	部门（牵头★，负责●，参与○）					单位（牵头★，负责●，参与○）						属地公司［建设公司建管项目为市（州）、区县公司，市（州）公司建管项目为区县公司］	属地政府	设计单位	技术支持（施工专业）	第三方服务单位
			发展部（前期中心）	建设部（前期中心）	设备部（运检部）	物资部	调控中心（供指中心）	建管分公司（项目管理中心）	经研院（经研所）	电科院	信通公司	超变公司（变检公司）	超输公司（输检公司）					
17	项目核准类	取得选址意见书与用地预审意见	★					○						○	○	○		●
18		编制核准报告	★						○							○		●
19		获取核准批复	●															
20	资料移交类	项目前期资料移交	●	○				○								○		○
二、建设条件																		
1	查勘收资类	站址、路径查勘		★												●	○	

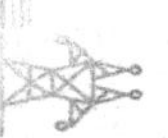

续上表

序号	类别	工作责任事项	部门(牵头★，负责●，参与○)					单位(牵头★，负责●，参与○)						属地公司[建设公司建管项目为市(州)、区县公司，市(州)公司建管项目为区县公司]	属地政府	设计单位	技术支持(施工专业)	第三方服务单位
			发展部(前期中心)	建设部(前期中心)	设备部(运检部)	物资部	调控中心(供指中心)	建管分公司(项目管理中心)	经研院(经研所)	电科院	信通公司	超变公司(变检公司)	超输公司(输检公司)					
2	查勘收资类	站址、杆塔基础详勘		★												●	○	
3		收集运行设备现状资料		★	○						○	○	○			●	○	
4		利旧管道复核、地下管线物探		★	○			○					○			○	○	●

续上表

序号	类别	工作责任事项	部门（牵头★，负责●，参与○）					单位（牵头★，负责●，参与○）						属地公司［建设公司建管项目为市（州）、区县公司，市（州）公司建管项目为区县公司］	属地政府	设计单位	技术支持（施工专业）	第三方服务单位
			发展部（前期中心）	建设部（前期中心）	设备部（运检部）	物资部	调控中心（供指中心）	建管分公司（项目管理中心）	经研院（经研所）	电科院	信通公司	超变公司（变检公司）	超输公司（输检公司）					
5	专项方案类	细化给排水、道路引接、施工电源、外接电源接入方案	○	★										○	○	●	○	
6		编制机械化施工技术方案		★				○	○					○	○	●	○	
7		编制停电过渡方案		★	○		○	○	○					○		●	○	

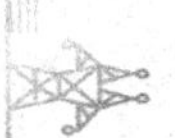

续上表

序号	类别	工作责任事项	部门（牵头★，负责●，参与○）					单位（牵头★，负责●，参与○）						属地公司［建设公司建管项目为市（州）、区县公司，市（州）公司建管项目为区县公司］	属地政府	设计单位	技术支持（施工专业）	第三方服务单位
			发展部（前期中心）	建设部（前期中心）	设备部（运检部）	物资部	调控中心（供指中心）	建管分公司（项目管理中心）	经研院（经研所）	电科院	信通公司	超变公司（变检公司）	超输公司（输检公司）					
8	专项方案类	制定线路“三跨”方案		★	○		○	○	○				○	○		●	○	
9		制定物资拆旧、回收方案		★		○		●				○	○			○		
10		环保水保报告内审		★					○							○	○	●
11	设计编制类	初设编制		★	○	○	○	○			○	○	○	○		●	○	
12		初设评审		○	○	○	○	○	●		○	○	○	○		○	○	
13		初设批复		●														
14		施工图编制		★				○								●	○	

续上表

序号	类别	工作责任事项	部门（牵头★，负责●，参与○）					单位（牵头★，负责●，参与○）						属地公司［建设公司建管项目为市（州）、区县公司，市（州）公司建管项目为区县公司］	属地政府	设计单位	技术支持（施工专业）	第三方服务单位
			发展部（前期中心）	建设部（前期中心）	设备部（运检部）	物资部	调控中心（供指中心）	建管分公司（项目管理中心）	经研院（经研所）	电科院	信通公司	超变公司（变检公司）	超输公司（输检公司）					
15	设计编制类	环保水保报告外审		★					○							○		●
16	设计编制类	施工图评审		★				○								○	○	●
17	招标采购类	施工招标工程量清单与控制价编制		★				○								○		●
18	招标采购类	服务采购计划申报		★		○		●								○		
19	招标采购类	物资采购计划申报		★		○		●								○		

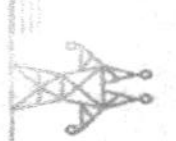

续上表

序号	类别	工作责任事项	部门（牵头★，负责●，参与○）					单位（牵头★，负责●，参与○）						属地公司［建设公司建管项目为市（州）、区县公司，市（州）公司建管项目为区县公司］	属地政府	设计单位	技术支持（施工专业）	第三方服务单位
			发展部（前期中心）	建设部（前期中心）	设备部（运检部）	物资部	调控中心（供指中心）	建管分公司（项目管理中心）	经研院（经研所）	电科院	信通公司	超变公司（变检公司）	超输公司（输检公司）					
20	招标采购类	物资及服务招标采购		○		★												
21		签订主设备技术协议		★	○		○	●								○		
22		签订服务合同		★				●（○）										
23		签订物资合同				●												
24	资料移交类	工程前期资料移交		★				●（○）										

续上表

序号	类别	工作责任事项	部门（牵头★，负责●，参与○）					单位（牵头★，负责●，参与○）						属地公司［建设公司建管项目为市（州）、区县公司，市（州）公司建管项目为区县公司］	属地政府	设计单位	技术支持（施工专业）	第三方服务单位
			发展部（前期中心）	建设部（前期中心）	设备部（运检部）	物资部	调控中心（供指中心）	建管分公司（项目管理中心）	经研院（经研所）	电科院	信通公司	超变公司（变检公司）	超输公司（输检公司）					
三、开工条件																		
1	开工手续类	取得站址农用地转用、土地征收审批单		★										○	○	○		●
2		取得站址建设工程规划许可证		★										○	○	○		●
3		线路取得使用林地审核同意书并办理采伐证																

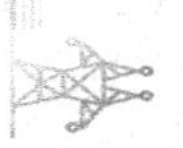

续上表

序号	类别	工作责任事项	部门(牵头★，负责●，参与○)					单位(牵头★，负责●，参与○)						属地公司［建设公司建管项目为市(州)、区县公司，市(州)公司建管项目为区县公司］	属地政府	设计单位	技术支持(施工专业)	第三方服务单位
			发展部(前期中心)	建设部(前期中心)	设备部(运检部)	物资部	调控中心(供指中心)	建管分公司(项目管理中心)	经研院(经研所)	电科院	信通公司	超变公司(变检公司)	超输公司(输检公司)					
4	开工手续类	取得环评、水保方案批复		★										○		○		●
5	站址交地类	签订站址征地协议		★										●	○	○		
6		完成站址清表及房屋倒地		★										●	○			
7		召开场平技术交底会		★				○						●	○	○	○	

续上表

序号	类别	工作责任事项	部门（牵头★，负责●，参与○）					单位（牵头★，负责●，参与○）						属地公司［建设公司建管项目为市（州）、区县公司，市（州）公司建管项目为区县公司］	属地政府	设计单位	技术支持（施工专业）	第三方服务单位
			发展部（前期中心）	建设部（前期中心）	设备部（运检部）	物资部	调控中心（供指中心）	建管分公司（项目管理中心）	经研院（经研所）	电科院	信通公司	超变公司（变检公司）	超输公司（输检公司）					
8	站址交地类	把关场平质量		★				○						○	○		●	
9	站址交地类	完成站址交地验收		★				●						○	○	○	○	
10	塔基交桩类	签订塔基占地及青赔补偿协议		★										●	○	○	○	
11	塔基交桩类	召开线路进场启动会		★				○						●	○	○	○	
12	塔基交桩类	完成塔基交地		★				○						●	○	○	○	

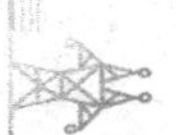

续上表

序号	类别	工作责任事项	部门(牵头★，负责●，参与○)					单位(牵头★，负责●，参与○)						属地公司[建设公司建管项目为市(州)、区县公司,市(州)公司建管项目为区县公司]	属地政府	设计单位	技术支持(施工专业)	第三方服务单位
			发展部(前期中心)	建设部(前期中心)	设备部(运检部)	物资部	调控中心(供指中心)	建管分公司(项目管理中心)	经研院(经研所)	电科院	信通公司	超变公司(变检公司)	超输公司(输检公司)					
13	配套路由类	负责电缆通道电气接口部分方案审查及施工图交底		★	○							○	○	○		●	○	
14		加强电缆通道过程进度质量管控		★	○			○					○	○			○	

续上表

序号	类别	工作责任事项	部门(牵头★，负责●，参与○)					单位(牵头★，负责●，参与○)						属地公司[建设公司建管项目为市(州)、区县公司，市(州)公司建管项目为区县公司]	属地政府	设计单位	技术支持(施工专业)	第三方服务单位
			发展部(前期中心)	建设部(前期中心)	设备部(运检部)	物资部	调控中心(供指中心)	建管分公司(项目管理中心)	经研院(经研所)	电科院	信通公司	超变公司(变检公司)	超输公司(输检公司)					
15	配套路由类	完成电缆通道验收交付		★	○			○			○		○	○	○	○	○	
16	配套路由类	跟踪协调配套市政道路建设进度		★				○						○	○		○	

说明：建设公司建设管理的项目，由前期项目部牵头，负责部门均为前期中心。

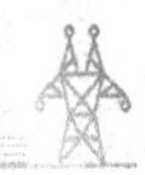

国网湖南省电力有限公司
关于加强业主项目部建设的指导意见

为贯彻国网公司基建“六精四化”战略思路，加快推进现代建设管理体系落地，充分发挥业主项目经理“领头雁”的关键性作用，充分发挥业主项目部“指挥单元”作用，解决“不想管”“不能管”“不会管”的问题，高质高效推进工程建设，达到“精准管控保进度”目标要求，特制定本指导意见。

一、工作现状

近年来，公司持续深化项目全过程管理，严格落实《业主项目部标准化管理手册》的相关要求，加强了业主项目部建设，取得了较好的成效。但仍存在不同程度的“不想管”“不能管”“不会管”的问题。

（一）“不想管”的问题

一是管理责任落实不到位，部分业主项目经理主观能动性不强，工作不积极，遇到问题不担当，责任未上肩压实。自主提升、创先争优、人人争当业主项目经理的氛围不浓。二是考核激励机制不健全，部分业主项目管理人员“慵、懒、散”的思想较严重，认为好坏一个样，管与不管一个样，管多管少一个样，存在多一事不如少一事的思想。考核激励措施不多，导致工程管理质效没有严格兑现。

（二）“不能管”的问题

一是业主项目部管理人员相对不足，跨项目兼任较多，部分项目的管理人员相对不足，使得岗位与职责落实不到位。二是指挥协调能力相对不足，部分业主项目部管理人员综合素质不高，指挥协调能力不强，特别是预控及处置能力不够，被施工项目部牵着走。部分施工项目部成员没有在业主项目部管理人员的指挥下做到令行禁止。

（三）“不会管”的问题

1. 项目统筹组织不到位

前期参与不够，工程建设条件落实不到位，对技术条件把关不严。项目策划不细，工程建设管理策划不细，针对性、指导性不强。物料申报不准，工程采购物资计划申报的物料及数量不准确，计划申报滞后，不能满足项目建设需求。物资管理不精，物资供应与进度计划不匹配，退库、利库手续未及时办理。停电管控不严，工程停电计划临时新增、取消及延期的情况时有发生。整改效率不高，设备运维检修专业部门在前期阶段参与不深，在竣工验收时提出的问题难整改，消缺整改效率较低。

2. 工作质量监管不到位

合同履约监管不严，对各参建单位未严格按照合同约定督促其开展相关工作，未对履约不到位的单位进行严格考核。依法合规建设监管不到位，临时用地林业手续办理、消防验收备案办理不及时等问题较突出，未及时跟踪、协调、督办。环境要素保障监管不深入，业主项目部未动态掌握建设环境问题，与属地公司沟通协调不到位。关键工作措施监管不精细，标准化开工、质量策划、安全风险管控等专业工作措施监管过粗。作业计划执行监管不严格，进度计划不准确，进度滞后纠偏不及时，无计划、超计划作业监管不严格。

二、工作目标

根据业主项目部的运作情况，本着直面问题、有利实施、便于操作、举措有效的原则，聚焦解决业主项目部的痛点、难点、堵点问题。落实责任和评级奖惩措施，解决“不想管”的问题；强化预控与处置职权，解决“不能管”的问题；加强统筹及监管评价，解决“不会管”的问题。提升业主项目部管理人员的综合素质，打造高效的指挥团队。

三、业主项目部的定位与组建

（一）业主项目部的定位

业主项目部是代表建设管理单位在项目建设过程中履行管理职责的组织机构，实行项目经理负责制。协同监理项目部开展项目建设指挥、统筹协调与监管。充分发挥业主项目部作为“指挥单元”的作用，打造管理先进、运作流畅、组织紧密的“指挥单元”，系统统筹各环节、各专业，实现项目全要素保障到位、全员责任到位、全过程管控到位。通过计划、组织、协调、监管、评价等手段，推动工程建设按计划有序实施，实现工程项目的安全、质量、进度、技术、造价等各项建设目标。

（二）业主项目部的组建

严格执行国网公司业主项目部标准化管理手册的要求，多渠道补充业主项目管理力量。一是严控项目管理承载力。对于500千伏及以上输变电工程，宜针对单个项目组建业主项目部。对于220千伏及以下输变电工程，可以组建班组式业主项目部，集中管理，原则上班组式业主项目部同期建管项目折算系数不大于0.75。项目部岗位设置齐全，每个项目部管理人员原则上不少于2人，人员不足的建管单位应及时补充。二是强化监理协同作用。监理项目部在履行好法定职责的同时，加强与业主项目部工作的融合，服从业主项目部统一指挥协调；加强就近监管，配合业主项目部做好现场进度、安全和质量的管理。

四、重点工作举措

（一）落实责任和评级奖惩，解决“不想管”问题

1. 压实业主项目经理责任

压实业主项目经理的项目管理责任。业主项目经理是落实业主现场管理职责的第一责任人，全面负责业主项目部对项目安全、质量、技术、造价等的各项管理工作，对工程发生的安全、质量等问题负有管理责任和连

带责任。

2. 开展业主项目经理评级

公司组织开展业主项目经理评级，根据考评结果、工作业绩等分出Ⅰ、Ⅱ、Ⅲ级业主项目经理，由相应等级的业主项目经理承担对应电压等级、规模的项目管理，分级匹配绩效系数。各建管单位应积极主动选拔、培养优秀的业主项目经理。

3. 强化考核激励

对于管理质效差的业主项目经理，采取通报、降级、绩效评价等措施，严格考核。针对未发生安全、质量事件，管理质效较好的，鼓励各建管单位对业主项目部及对应的项目经理进行奖励。树立鲜明导向，营造人人争当业主项目经理，主动多管、管好项目的良好氛围。

（二）强化预控与处置职权，解决“不能管”问题

强化业主项目部的预控及处置权力，树立业主项目部的指挥权威，全面指挥现场管理工作。一是强化关键人员的调整权。业主项目经理可结合日常工作、日评价情况，对监理、施工项目部不称职的关键人员提出更换或调整要求，相关单位须严格执行。二是强化作业人员的进出权。业主项目经理严格规范作业人员准入，并根据作业人员的安全意识、技能素质、作业执行及日评价情况，清退不合格的作业人员。三是强化合同履约考核的建议权。业主项目经理根据合同条款对参建单位的履约情况出具考核意见，经建管单位审核后执行，纳入工程结算。

（三）加强统筹及监管评价，解决“不会管”问题

1. 全面加强“五项”统筹

（1）参与掌握“两个前期”进展。参与前期相关工作及重大技术方案会审，掌握工程建设条件与开工条件。重点关注并参与场平进场交底及交地验收，对配套路由建设情况组织开展中间抽查并参与阶段性验收、竣工验收。与前期项目部开展前期文件的交接，及时收集整理开工所需资料。

（2）系统开展项目管理策划。业主项目部严格执行《做优输变电工程建设项目管理策划的指导意见》，做实项目全过程管理策划。按照项目管理策划流程，重点策划好招标批次选择、行政手续办理、复杂停电过渡

及机械化施工方案等，形成“策划先行、有序推进”的工程建设管理模式。

(3) 精准管控甲供物资供应。业主项目部联合前期项目部，提前谋划全年甲供物资供应需求，对设计单位提报的物资计划严格把关。科学选择“班车”批次，发挥“专车”批次的灵活效应，满足确需实施的项目的采购需求。提高投产前物资核对质量，及时办理调拨、退库手续。加强关键物资供应商跟踪管控，统筹变压器、铁塔等重点物资供应，合理调配产能运力资源，全力保障工程建设。

(4) 强化停电计划执行管控。申报阶段，业主项目部组织施工项目部做实现场踏勘，然后结合工程实际情况，合理申报停电计划。对于重大停电过渡，协同运检、调度及供指等部门审核停电过渡方案，确保停电计划申报的准确性。计划实施前，要组织参建单位落实停电条件，并做好风险评估，对不具备实施条件的计划，及时上报调控部门。计划实施过程中，应综合考虑天气、资源投入及安全风险等因素，充分做好各项保障措施，确保停电计划刚性执行。

(5) 强化验收投产横向协同。业主项目部提前组织运检、计量、通信等专业召开专题会，及早安排验收计划，明确技术标准和验收负责人。竣工预验收阶段，协同运检单位提前介入，安排同批人员开展验收，提前汇总各专业部门意见并制定消缺计划。定期组织召开问题梳理会，主动与各专业部门验收负责人对接。

2. 全面深化“五项”监管

(1) 监管参建单位合同履约。一是督促设计单位成立设计项目部，及时开展设计工代服务，对工代不及时、设计质量存在重大问题的单位，按合同严格处罚。二是督促监理、施工单位按合同要求成立项目部，审核监理、施工项目部管理人员的资质，监督管理人员的到岗到位和履职情况。三是对于施工过程中的安全、质量问题，组织参建单位分析原因，明确责任单位和人员，并制定解决措施。

(2) 监管环境保障责任落地。一是依托前期项目部，充分掌握项目建设条件，协调推动属地公司建立“一口对外”协调机制，配合开展外部协调和征（占）地、拆迁等前期工作。二是组织施工单位、属地公司开展协调工作，建立工作联动机制，定期组织召开专题推进会，协调解决相关问题，重大问题及时上报建管单位。督促施工单位规范施工行为，控制施工影响范围，降低地方矛盾发生概率，营造良好的建设环境。

（3）监管项目依法合规建设。一是抓住初设评审、开工、投产三个关键节点，督促落实初设“七不审”、开工“十不开”、投产“六不投”的工作要求，杜绝“先上车再补票”，未达要求不予放行。二是建设过程中，定期了解依法合规办理行政手续情况，实时掌握属地公司、施工单位的工作进展，及时跟踪、协调、督办。三是及时制止施工过程中破坏环境、擅自扩大临时用地范围等违法违规行为，并及时上报建管单位，视情况下达停工令。

（4）监管施工作业计划执行。一是根据《电网建设项目主要进度责任目标》的要求，完成项目进度实施计划编制。督促施工项目部编制施工进度计划，组织监理、施工、设计在第一次工地例会时进行审定。重点审核停电计划、物资计划、施工力量等关键因素，科学制定内控节点。二是严格执行“月计划、周安排、日管控”要求，全面掌握施工单位作业计划的发布、准备、实施情况，清楚各施工班组的作业情况及人员动向。三是统筹各参建单位刚性执行进度计划，履行就近监管职责，组织监理项目部每日开展施工作业“日评价”，每周开展整体进度、物资到货等关键条件执行情况“周通报”，及时协调解决堵点问题，根据实际情况及时纠偏。

（5）监管关键工作措施落实。一是落实标准化开工。督促参建单位详细编制项目策划文件，严格履行审批流程。组织各参建单位开展设计交底、施工图会检及第一次工地例会，重点开展监理、施工项目部标准化配置达标评定工作。开展现场标准化开工条件核查，符合标准规定的要求，经检查确认后方可开工。二是落实安全管控措施。督促施工项目部严格落实“周例会、日晚会”、作业班组严格落实“日早会、首票提级管控”等生产秩序管控机制。每月组织一次安全例会，宣贯安全文件精神，强调安全管控重点。组织监理、施工项目部开展安全隐患排查，并督促完成整改闭环。对所管的各输变电工程，每月至少参加一次项目“日晚会”，梳理项目安全风险，指导作业计划安排。三是落实质量管控措施。开工前，业主项目部根据项目特点编制工程建设管理纲要，明确质量管理相关策划内容并组织实施；审批监理规划、项目管理实施规划等策划文件并监督落实；依据工程创优目标，组织参建单位进行创优策划并监督实施。实施工程建设质量全过程管控，组织参建单位落实设备材料质量检测、质量过程

管控、质量验收、标准工艺应用、绿色建造等工作。定期开展质量检查及专题分析，研究制定改进提升措施。四是落实技经管控措施。业主项目部严格执行工程设计变更及现场签证制度，履行工程设计变更及现场签证审批手续。根据工程进度，按照合同条款审核确认工程进度款的申报及上报。制定分部结算实施计划，组织施工单位提交分部结算资料，及时确认完工工程量，预审并上报分部结算。

3. 认真开展总结评价

建设过程中，业主项目部要加强数字化管控手段的应用，协同监理项目部运用基建全过程平台对施工项目部进行“日评价”，重点从专业措施管控、计划执行、存在的问题等维度开展评价，“日评价”结果可作为工作安排的重要依据，需结合评价结果制定管控措施。工程竣工投产后，业主项目部组织各参建单位对项目安全、质量、进度、技术、造价等实施情况进行总结评价，对存在重大问题的责任单位按合同条款提出考核建议，经建管单位审核后执行，总结评价要注重时效性。

五、工作要求

（一）加强组织领导

各建管单位要高度重视，加强组织领导，研究出台深化业主项目部建设的具体措施。强化专业协同，及时跟踪业主项目部运转存在的问题，并报送公司建设部。

（二）建立工作机制

建立健全协同配套保障制度，提升跨部门、跨专业的联动能力，确保业主项目部各项工作有序推进。

（三）加强研究探索

鼓励各建管单位充分发挥参建单位的潜力，开展业主项目部层面的管理机制创新试点，后续公司将结合试点研究情况优化调整管理机制。

（四）狠抓落实落地

各单位要严格落实工作要求，加强业主项目部建设，推动现代建设管理体系落地执行。年底对工作开展成效进行总结，提炼典型经验，促进建设管理水平不断提升。

国网湖南省电力有限公司
关于加强施工项目部建设的指导意见

为贯彻国网公司基建“六精四化”战略思路，强化施工项目部“作战单元”管理的穿透力、执行力，把最强力量配置到项目部，把要素资源统筹到项目部，以强化施工项目部建设为立足点，实现人才在项目上历练、能力在项目上提升、责任在项目上落实、管理在项目上到位，充分发挥项目部主战作用，提升施工项目部的管理能力，提高工程建设管理水平，制定本指导意见。

一、工作现状和总体要求

（一）工作现状

近年来，随着建设任务的逐步增长和项目管理的要求越来越高，施工项目部管理的短板日益凸显：指挥责任不实，激励机制不全，“不想管”思想严重；指挥权限受限，指令传达不通，“不能管”矛盾突出；指挥要求不熟，抓不住关键，“不会管”情况明显；指挥人员不强，管理能力不足，“管不好”现象普遍。

（二）总体要求

进一步明确施工项目部的职责定位，完善项目激励机制，做实项目全过程保障，赋权项目部及关键岗位人员，充分发挥项目部的主战作用。通过开展施工项目部“作战能力”提升三年行动，达到施工项目部建设“三强三高三提升”目标，即人员配置强、责任意识强、管控能力强，目标定位高、素质水平高、工作标准高，提升团队凝聚力、提升分包管控能力、提升作战能力，真正实现施工项目部人员配置要求100%满足，职责权利界限100%清晰，现场管控措施100%落地，考核评价机制100%执行，把施工项目部打造成会打仗、善打仗、能打硬仗的“作战单元”和知底线、明底线、守底线的“桥头堡”。

1. 建制赋能阶段（2023 年）

梳理目前存在的主要矛盾和关键问题，厘清施工项目部的管理职能和工作界限，明确施工项目部能力提升的主要方向。送变电公司建立与完善内部管理机制，建成各级项目管理人才库，实现项目部人员配置和能力的全面提升。产业施工企业应转变认识，研究制定管理机制，加强项目部管理核心人才培养，根据年度建设任务逐步固化项目管理团队，做实项目部标准化建设。

2. 应用评价阶段（2024 年）

全面推行本指导意见的落地实施，使送变电公司实现项目部人员要求100%满足，项目经理和管理团队的责权利清晰明确，绩效考核评价等机制建成执行。产业施工企业落实项目管理人员配置要求，实现标准化项目部建设100%满足，建成管理人才库，制定人才培养、考核激励等机制并落地执行。

3. 总结提升阶段（2025 年）

基本实现施工项目部“作战能力”提升目标，固化“三年行动方案”成果，分析实施过程中存在的问题和不足，并制定相应的整改完善措施，明确下一步工作的思路和目标。

二、施工项目部的组建与主要任务

（一）施工项目部的组建

施工企业承接施工任务后，根据合同约定的服务内容、工作期限、建设特点等因素，限期成立施工项目部。施工项目部实行项目经理负责制，项目经理由施工企业党委会选定，持证上岗。项目经理作为项目管理的第一责任人，全面负责施工项目部各项管理工作。施工项目部还应落实人员配置标准化的要求，配备项目副经理、安全总监、项目总工、技术员、安全员、质检员、造价员、信息资料员、材料员、综合管理员、线路施工协调员等人员。

施工项目部组成人员的配置要求见附件一，人员任职条件参考《国家电网有限公司施工项目部标准化管理手册》。

（二）施工项目部的主要任务

1. 施工前期

建立柔性团队，配合前期项目部做好施工技术支撑，服务工程选址选线等前期工作；参与重要跨越等关键工作方案的确定，配合设计单位完成铁路、公路、航道的评估，拟定项目年度停电计划，并上报调控部门；参与可研评审和概算收口会议，结合施工实际情况和具体措施，配合前期项目部、设计单位把相关工作做实做细。工程核准后，对接前期项目部，配合开展林业、塔基交地、临时用地、重要跨越手续办理工作；组织开展现场调查和线路复测，参与现场风险踏勘，做好工程前期施工组织策划。

2. 施工策划

（1）公司层面。施工企业应结合柔性团队参与前期工作的情况选定项目经理及管理团队，并组织编制项目策划书（详见附件二），深度分析项目建设的要点和难度；开展项目可行性分析，明确项目的关键点和控制点；制定项目经营、成本、安全、质量、环保水保等各级管控目标。

（2）项目部层面。项目部应根据项目策划书做进一步的细化，编制项目管理实施规划、施工方案和单基策划文件，重点明确各工序、各施工点的施工方式、进出场道路、机械设备型号、环保水保措施等作业要素，并上报各专业部门审查，确保具有可操作性；线路工程要重点做好停电配合和计划上报工作，明确专人与业主项目部、属地公司对接停电相关问题，配合参与各专业协同的风险查勘，特别是进站施工（门架挂线、光缆进站、站内光缆引下等）、参数陪停、T 接或剖接、线路拆旧等工作，针对临电作业、不停电跨越、钻越施工等风险作业逐基逐档进行核实，明确施工方式，制定施工方案。

3. 施工期间

（1）准备阶段。完成项目部组建，建立安全、质量管理体系，明确工程目标，落实职责分工，参加施工图会检、设计交底等策划会，完成设计交桩工作，履行交桩手续，参加分包单位选用和资质报备，完成现场风险初勘，做好各类人员、工机具的报审工作，编制施工预算，测算成本经营管控目标，编制各类施工方案并报批，落实标准化开工条件，并申请开工。

（2）施工阶段。完成培训交底，并按照设计要求和施工方案组织现场施工，做好材料开箱检查、原材料送检等各项工作。根据工程进展，严格执行工序验收管理规定，加强隐蔽工程等重点环节质量管控，监督专业分包单位、劳务分包队伍按照规范、措施、标准要求开展作业，强化施工风险识别、评估工作，制定风险控制措施并在施工中落实。贯彻落实安全文明施工标准化要求，实行文明施工、绿色施工，制订并实施安全隐患排查治理工作计划，规范开展安全隐患治理工作，定期开展安全、质量、环保水保等工作的现场检查，并督促整改闭环。严把人员准入关，加强对现场作业人员的教育培训，动态管理项目进度计划，实现工程建设目标。

(3) 竣工阶段。完成三级自检并提报竣工验收申请，配合建设管理单位组织的工程竣工预验收，并完成缺陷处理，接受投运前的质量监督检查，完成整改项目的闭环。

4. 评价复盘

工程竣工后，结合工程既定的各项管理目标，开展管理复盘和自评价工作，提炼工程的亮点，总结管理的薄弱环节，对分包队伍、自有人员和施工项目部管理人员进行综合评价。

三、职责分工

为保障施工项目部管理能力的有效提升，公司建设部、建管单位、施工企业、施工项目部均需履行相应的职责。

（一）公司建设部

负责督促施工企业落实本指导意见相关要求，组织审核施工企业强化项目部能力建设工作方案，监督执行三年能力提升计划，组织建立公司层面的项目经理库，每年对施工企业项目经理进行评级考试，划分一、二、三级项目经理。组织开展各类劳动竞赛和评比活动，开展“示范标杆施工项目部”“金牌施工项目经理”“五星施工班长”等先进集体和个人的评选活动。

（二）建管单位

负责组建业主项目部，履行对施工项目部“就近监督”的管理职责。落实本指导意见的执行要求，对工程项目进行全过程管理，重点把关施工项目部组建情况，督促施工项目部落实工程过程管控要求，负责施工项目部“日评价”及考核，参与公司优秀施工项目部和管理人员的评选考核。

（三）施工企业

落实执行本指导意见，明确管理思路，优化管控策略，完善管理制度，强化服务支撑，提供资源保障，在依法合规、人力资源管理、安全监督、经营管理、施工管理、物资供应等方面为施工项目部提供指导、服务、监督。重点建设好施工项目部“作战单元”，培育好作业层班组，管理好分包商，健全考核激励、人员培养等各类机制，探索新型项目管理方式，落实项目部施工管理的主体责任，明确项目经理在项目管理过程中的核心地位，充分赋予其参与分包队伍选用、评价及考核等工作职责，实现责权利对等。

（四）施工项目部

负责贯彻落实本指导意见的具体工作要求，落实项目部标准化建设基本要求，优化项目管理人员的配置，加强对管理人员的教育培训和管理提升，抓实对自有班组和分包队伍的管控，合理安排工作任务，严把安全、质量关，深度参与项目建设的考核评价。做好工程策划安排，强化项目过程管理，抓好对关键工作的重点管控，立足于现场，推动标准化、机械化、专业化班组建设。

四、重点工作举措

（一）施工企业层面

施工企业作为施工项目部的直接管理者，要明确管理思路，优化管控策略，完善管理制度，强化服务支撑，提供资源保障，在依法合规、人力资源管理、安全监督、经营管理、施工管理、物资供应等方面为施工项目部提供政策支撑和监督指导，促使施工项目部真正发挥“作战单元”的作用，解决“不想管”“不能管”和“管不好”的问题。

1. 压实责任，强化考核激励，解决“不想管”的问题

（1）压实各方管理责任。

①依法合规。强化依法合规建设，指导施工项目部防范和化解违规风险，加强制度建设管理，健全督察体系和保障制度。

②人力资源管理。负责对项目管理人员的教育培训，制订专业人员成

才计划，设立各岗位人才库，建立项目考核和分配机制，组织开展项目绩效考核，负责各类与工程项目相关的专项奖计划管控。

③安全监督。应全面履行监督职责，努力实现“横到边、纵到底”不留死角，重点监督施工项目部关键人员配备、到岗履职、班组组建和固化情况，督导施工项目部开展双重预防、违章自查等重点工作。

④经营管理。核定工程成本预算，根据施工合同条款和成本预算内容向项目部完成详细交底工作，动态分析在工程建设过程中经营计划指标的完成情况，实时制定纠偏措施。

⑤施工管理。强化风险作业计划管控，参与重大风险现场踏勘和风险识别，督促项目部开展隐患排查和治理工作，落实三级检查制度，对项目进度情况进行实时管控，参与机械化施工策划，审核分包比选过程中分包商的承载力，抓实分包项目关键人员管控，做实分包动态评价，监督自有班组建设，实行自有班组定额承包制、设备主人制、挂点制，审核技术方案，指导施工项目部对接前期项目部。

⑥物资供应。推行工程物资、机械租赁、物流运输“集招、集采、集配”制度，降低项目部的采购压力及风险，督促做实物资计划、物资采购、运输配送、仓储管理、到货验收、废旧回收等业务，实施扁平化管理，提升工程项目物资全过程标准化管理水平。

（2）项目考核激励。施工企业负责制定薪酬、绩效考核机制，将各个项目部、各级岗位人员的工作完成情况和薪酬有效挂钩，提高员工主动作为的积极性。

①单项工程业绩考核。施工企业应制定项目业绩考核管理办法，经营部门应根据各个工程的实际情况设定工程经营考核指标，经项目经理确认后在工程建设中参照执行，最终依据工程建设进度、质量、安全、经营成本等因素考核确定项目经理和项目部的效益奖励或惩处扣罚。

②“多劳多得、多效益多得、多安全多得”的考核和分配。固化“基本收入+绩效收入”的模式，强化考核评价机制应用，严格执行薪酬分配与工程项目安全、效益挂钩制度，拉开收入差距，激发一线员工的活力。

③团队管理业绩考评。逐年对本年度完工项目进行综合评价，评选优秀工程项目管理团队，并设置相应的绩效奖励，绩效奖励由项目经理根据项目管理人员的出勤情况和贡献大小合理分配。

(3) 选育管理人才。施工企业负责建立各级人才库，开拓人员晋升通道，探索项目经理竞聘上岗和“揭榜挂帅”制，建立内部良性竞争。

①项目经理评级。公司建设部组织开展项目经理评级，根据考评结果、工作业绩、项目管理情况等评选一、二、三级项目经理，对应承接各电压等级项目。施工企业根据项目经理的等级调整薪酬绩效，并把项目经理工作经历作为选拔公司后备干部的硬指标，鼓励员工向项目经理发展。

②推行项目执行经理制。建立后备项目经理库，将优秀的后备人才入库管理，优选担任项目执行经理，提供成长锻炼平台，解决后备人才的薪酬待遇问题，提高其工作积极性。

③明确晋升原则。施工企业负责搭建员工晋升渠道，鼓励新进大学生、直签员工等到一线锻炼，将班组、项目部工作经验作为岗位晋升的硬要求。

2. 授权赋能，优化队伍管理，解决“不能管”的问题

(1) 赋予项目经理权力。项目经理是项目管理的核心，是工程建设的第一责任人，赋予其有效的权力，实现权责平衡。

①目标制定权。项目经理应全面组织参与项目前期策划，参与经营类相关文件编制工作，工程中标后参与工程实施毛利率测算，并结合工程实际情况提出经营、安全、质量、进度等各方面的管理目标，经职能部门会商后进行明确，并在施工过程中进行复盘管理。

②人员举荐权。项目经理负责举荐项目管理团队关键人员（项目执行经理、项目总工、安全总监)，由公司或分公司领导班子商议确定，项目经理拥有关键人员选择否决权，项目部其他人员由项目经理自行选定。

③队伍推荐权。项目经理应掌握公司核心分包队伍的承载力和实际管理情况，根据项目建设工况和需求，推荐合适的核心分包队伍，并深度参与分包队伍的选定。工程建设过程中，项目经理负责自有班组和分包队伍的工作任务安排。工程建设期间因不可抗力或其他紧急原因，可根据任务权重和制约因素合理调整任务，并报公司相关职能管理部门。

④战斗指挥权。明确项目经理作为“司令员”的地位，进一步明确分包队伍、作业人员和项目部的关系，赋予项目经理现场队伍管理、人员管理的权力，让项目现场清楚谁是项目管理的一把手。

⑤考核评价权。项目经理负责带领项目管理团队执行分包商项目评价、月度评价，参与年度评价、“交规式”计分、“两牌两单”管理，考核评价核心分包队伍。

⑥分配结算权。工程结束后，项目经理应根据各分包队伍的任务完成情况和现场管理情况予以计分，计分结果上报相关职能部门，作为结算管理的重要依据。

（2）建立考核监督机制。施工企业依托施工管理部或分公司履行项目经理考核监督职能，防止项目经理出现滥用职权、以权谋私等现象。

①严格进行项目经理选任把关。项目经理作为工程建设管理的第一责任人，由施工企业结合电压等级、项目实际情况综合选定，对于220千伏及以下项目，由分公司推荐，施工企业审批；对于500千伏及以上项目（含重要的220千伏项目），要进行专题研究，并经施工企业党委会决议通过后任命。

②加强岗前培训并签订履职协议。加强项目经理上岗前的培训教育，告知其相应的权利、职责和违规管理后应承担的后果，并签订履职协议书。

③加强过程监督。监督部门负责定期组织对项目经理的履职情况进行调查，通过向一线作业人员、分包队伍和项目管理人员等多方问询的方式，掌握项目经理工作开展的实际情况。对于违规履职、滥用权力的，要严肃问责。

（3）严格规范分包队伍管理。分包队伍是项目部管理的重点对象，原则上应根据项目的建设目标和环境特点，结合项目经理的建议及承载力情况，选定合适的分包队伍。

①做优分包队伍。施工企业应建立完善的分包队伍选用原则，按照“选少、选优、选适、选强”的理念，逐步培养数支真正听指挥、能干事的分包队伍，通过任务比重倾斜，促使分包队伍人员逐步稳定，施工能力逐步增强。

②做实分包队伍奖惩。负责分包队伍的全面管理，严格执行分包人员实名制管理，抓实人员“准入关”，坚持开展“红黄牌”管理制度，严格执行“负面清单”“黑名单”管理，坚决淘汰安全管控不到位的分包队伍，培育真正的核心分包队伍。

3. 加强培育，树旗帜立标杆，解决“管不好”的问题

（1）加强人员培育。

①制定人员成才方案。施工企业要切实履行人才培养、梯队建设的职责，积极研究“青苗计划”“绿树计划”等人员成才方案，强化项目管理的过程指导，充分发挥施工项目部作为人才成长“摇篮”的重要作用，建

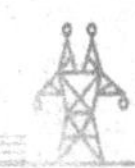

立长期有效的职能管理“一带一”、专业技术“一帮一”的师带徒机制，着力加强对年轻骨干的培养力度。

②开拓自有人员晋升通道。施工企业要逐步拓宽自有人员（合同制、劳务派遣等人员）的成才渠道，鼓励自有人员走技术专家、班组骨干和专业项目经理等成长路线。

③畅通交流锻炼渠道。开展省送变电公司、产业单位之间的交流学习和挂职挂岗，鼓励省送变电公司选派优秀的项目经理到低电压等级项目挂职，产业单位选派优秀的项目经理到送变电公司大型高电压等级项目担任项目副经理；开展市（州）公司到产业单位挂职挂岗活动，参与项目建设，促使市（州）公司主业人员全过程掌握设备结构及状况，快速提高业务能力。交流学习项目管理经验，提升各方施工的管理能力。同时对主业挂职产业单位人员实行宽带岗级晋升，促进发展岗级晋升。

（2）开展评先评优。

①积极参与评比活动。组织施工项目部、优秀员工积极参与公司组织的项目部“管理评比”、基建专业“劳动竞赛”“优秀班组长”“安全质量先进个人”等各类评比活动。

②开展评优评先活动。建管、施工企业组织开展“技术大师”“金牌施工项目经理”“五星施工班长”评比，对优秀人才予以专项奖励，激发其动力。

③开展“星级项目部”评定。鼓励项目部积极参与总部、公司各类评比活动，制定“星级项目部”评定办法，从人才培养、安全管控、质量把关、计划执行、经营管理等多个维度进行综合定星评级，对五星项目部予以挂牌表彰。

（二）施工项目部层面

施工项目部作为项目管理的执行者，应全面负责组织实施施工合同范围内的具体工作，落实公司、建管单位和施工企业的各项管理要求，加强施工安全、质量、进度、技术、造价等现场管理，推动“三化”转型升级，加强党建引领，从根本上解决“不会管”的问题。

1. 把握关键，做实“六个管住”，解决“不会管”的问题

（1）管住工作秩序。

①标准化开工。负责配合建设管理单位办理相关施工许可手续，组织

参加第一次工地例会和技术交底，参加“四通一平”等验收工作，按照标准化配置要求，完成项目部、材料站的配置，接受标准化配置达标检查，配合完成数字化建设部署，完成开工报审流程。

②关键人员到岗。项目部主要管理人员应严格落实人证匹配的要求，常驻项目部进行集中办公，项目经理每月现场工作时间不应少于22天。严禁一人同时兼任多个项目部项目经理岗位。项目部造价员同期兼管项目不宜超过3个，且每月到现场办公时间不得少于20天。项目部自有人员应与核心分包队伍同吃同住同劳动，负责现场的工作安排和安全监护，实时掌握分包人员的动态，杜绝无计划作业。

③“日晚会”工作机制。项目部利用“日晚会”时间，梳理当日工作的完成情况和存在的主要问题，通报现场巡查情况，并明确次日工作计划，合理调整分包队伍的任务安排。

④施工协调管理。负责配合建管单位、属地公司开展工程协调工作，参加工程建设协调会，解决影响工程进展的相关问题。

⑤信息档案管理。负责落实信息化管理要求，及时、准确填报项目信息，依托数字管理手段，强化现场管控；负责文件的收发、整理、保管、归档工作，确保文件完整合格，及时完成整理、组卷、编目，并于竣工投产后一个月内完成档案移交。

（2）管住工作计划。

①压实管理责任。输变电工程建设应遵循“管基建管计划”“管施工首管计划”原则。常驻工程现场的施工项目经理（执行经理）是作业计划制定和四、五级低风险作业发布的第一责任人，作业计划编制后必须经施工项目经理（执行经理）审定后方可上报。计划一经审定，严禁擅自变更或随意发布临时计划，确因特殊原因需增加临时作业计划或调整既定计划的，应经项目经理（执行经理）审定，报监理、业主项目部批准后方可进行。

②规范管控流程。确保周计划的可实施性和日计划的准确性，发布的周计划作业的开始至结束时间应尽量精确，已发布的周计划应严格执行。日计划应结合日晚会收集反馈的情况进行精准管控，以确保次日的工作计划能够有序执行。

③推动刚性执行。应加强与业主、属地和第三方单位的沟通协调，提前了解近期天气变化情况，避免天气等原因造成既定计划无法执行。已定的工作计划应安排专人负责落实，督促分包队伍严格按计划开展各项工作。

④强化执行考核。项目部应定期分析各分包队伍的计划执行情况，对于未按计划执行、擅自调整计划或计划执行偏差较大的队伍，要予以问责、考核。对于问题突出、屡教不改的队伍，应上报施工企业职能部门，按照分包队伍管理办法予以处罚或清退。

（3）管住策划复盘。

①做实管理策划。项目部依据建设管理纲要、合同要求和项目策划书，编制项目管理实施规划并报审，明确项目管理进度、安全、质量等各要素的相关要求，明确机械化施工、进出场道路、单基策划、“三跨”措施等的具体安排。

②加强策划评比。项目策划书是项目建设的重要依据，项目部要深度参与策划书的编制和各级目标的制定。施工企业要结合各项目的工作策划情况和实际工作情况进行综合评比，把策划书作为工程评优、项目经理评优、“星级施工项目部”等评比工作的重要依据。

③强化复盘管理。项目部、施工企业职能部门应定期进行项目复盘管理，分阶段对项目管理情况和目标完成情况进行评价考核，分析项目前期制定的项目策划书和管理策划文件是否合理，校验已定目标是否能够如期完成，如存在较大的偏差，应及时组织修订。同时，复盘评价结果应纳入项目经理及管理团队的年终考核。

（4）管住人员队伍。

①项目经理必须持证上岗。项目投标文件经理与现场实际项目经理应为同一人，严禁施工企业擅自更换项目经理，确需更换的，应经建管单位审核批准。

②规定项目经理从业经历。项目经理从事一线工作时间不得少于5年，其中一线班组施工管理经验不得少于3年，220千伏及以下工程项目经理应具有2年及以上同等级工程项目管理经历（担任项目总工或项目执行经理）；500千伏工程项目经理应为公司四级及以上领导人员（含职员、工匠、专家），且担任过至少一个220千伏工程项目经理并具有3年及以上500千伏工程项目管理经历（担任项目总工或项目执行经理）。

③按需设置项目副经理岗位。注重项目部人员配置，以项目经理为核心，组建固化项目管理团队，按需设置项目副经理岗位。项目副经理专业、职能应与项目经理互补，如线路工程项目经理长期从事技术专业工作，则副经理应优选长期从事工程建设协调的人员；若变电工程项目经理

长期从事电气专业工作，副经理应配置土建专业人员。

④设置项目安全总监。500 千伏及安全风险较大的 220 千伏线路工程施工项目部应设置安全总监，不得由他人兼任或兼任其他职务。安全总监应持有中级安全工程师证书或省级政府部门颁发的安全管理人员安全生产考核合格证书，且具有 8 年及以上现场工作经验。

⑤增加环保水保管理职责（可由质检员或协调员负责）。明确其绿色施工管理职责，负责落实环评水保批复意见要求，参与机械化施工等进出道路和场用地的选择，编制《绿色施工方案》，指导现场进行溜渣溜坡治理、道路修复、植被恢复、水土流失防治等相关工作，组织开展项目部级阶段性的环保水保工作检查，配合相关监测单位和业主项目部开展环保水保监测和验收工作。

⑥增加数字化管理职责（可由信息员或技术员负责）。负责日常信息化管理工作，落实基建数字化转型工作方案的具体要求，按照“e 基建 2. 0”等应用软件的要求，指导现场进行人脸识别、数据采集、安全监控、方案审批等数字化管理操作，推动项目建设向数智管理转型。

⑦加强“三跨”及停电协调管理。线路工程增加跨越施工管理职责（可由技术员或安全员负责），负责对接电力线路跨越施工方案和相关手续办理，负责配合前期管理部完善施工方案的审查修订，办理高速公路、铁路跨越施工手续，协调单位内部相关合同手续办理。变电工程增加生产协调职责（可由技术员或安全员负责），负责运行变电站施工手续办理、运维单位“双签发”、同进同出等，协调运行单位开展公用运行设备或二次回路作业，协调调控专业制定变电站停电计划等。

⑧加强地方环境保障协调管理。线路工程必须落实施工协调员的配置要求，原则上每 50 公里配置一人，明确其环境保障管理职责，负责配合前期项目部、属地公司开展环境保障协调工作，重点对接乡（镇）、村（组）级政府单位，及时处理现场阻工纠纷，上报解决建设过程中存在的重大矛盾或问题。

⑨加强物资材料管理。必须按要求落实材料员的配置要求，明确其物资管理岗位职责。材料员负责配合专业部门细化采购预算，确定采购策略，依托设计图纸、施工工艺、进度安排及现场情况，上报乙供工程物资采购计划及批次计划，提高物资计划的准确性和及时性。跟踪甲供物资的到货情况，严格执行到货验收标准，配合做好供应商履约评价，落实材料站标准化管理

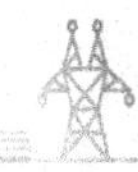

要求，紧盯废旧物资回收管理、备品备件移交退料等重点工作。

⑩加强经营计划管理。必须按要求落实造价员的配置要求，明确其计划经营管理职责，落实造价管理和财务管控要求。造价员负责项目施工过程中技经相关的具体工作，重点做好设计变更费用、现场签证费用、工程量计量、进度款支付申请、结算文件编制等相关工作。

（5）管住施工现场。

①加强隐患排查。组织开展全过程安全风险隐患排查，明确项目安全总监为项目安全管理的主责人，重点抓好深基坑作业、近电作业、起重作业、高空作业等关键环节重要风险管控，确保风险辨识精准、措施落实有力，严禁无计划作业、超承载力作业、疲劳作业。

②做实风险踏勘辨识。施工方案编写前，项目部应按公司要求组织多专业人员协同开展风险勘察，重点对进站施工、临电作业、线路拆旧、不停电跨越、特殊地形组塔等高风险作业进行逐项核实，确定风险等级，制定专项方案及单基策划，二级风险应上报专业部门组织复勘。

③严格人员队伍准入考核。项目部要以最严肃的态度抓实人员队伍"准入关"，做实安全培训、注重安全意识，严格开展人员准入考试和新近队伍能力界定；要对照准入条件，一一进行入场核实，规范现场用工秩序及准入管理，筑牢安全生产第一关。

④建立人员数字化档案。建立完善的全体参建人员的数字化档案，实现人员工作业绩、考核评价等从业档案在线查询，将每一次奖惩落实到个人，并在工作档案中进行记录。

⑤加强质量检查评比。定期组织质量检查评比工作，评比结果纳入班组队伍业绩考核；结合工程实际及创优建设目标，完善各阶段工艺质量策划，定期组织开展专项质量检查，强化质量验收，细化原材料、受力金具、站用设备、隐蔽工程、主设备安装等关键质量点的管控措施，推动工程实现"三个标准化"（标准化开工、标准化转序、标准化验收）。

⑥推行项目驻点制。施工企业领导班子成员要切实承担起项目部岗位职责强化管理责任，每个领导班子归口负责 1 ～ 2 个项目部，掌握项目部管理实际情况，统筹协调项目建设的问题，参与项目部的月度例会，指导项目部落实管理职能。

⑦推行班组挂点制。明确一名四级领导人员、职员（工匠、专家）为班组挂点领导，负责对班组管理进行督导，促进班组建设。

（6）管住经营成本。

①加强成本预算管理。项目部应根据现场踏勘、复测情况，深度参与项目成本预算编制，合理编制分包限价；项目经理应熟悉项目成本预算基本构成，明确成本预算调整流程，动态跟踪成本变化；施工单位应定期开展工程成本分析，及时调整工程预算，避免分包结算争议。

②加强分包结算管理。项目部应严格审核分包进度款，严格按月核实分包实际完成工作量，确保不超进度付款；进度款支付前应对分包商实际发生的人工、材料和机械使用成本进行监督，杜绝支付风险；严格落实变更签证“先签后干”的要求，收集好关键性支撑材料，推进分包签证月报备、月审核制度。

③加快项目成本归集。确保结算工作关口前移，分包工程完工后及时确认分包工程量和现场签证，按时办理分包结算，及时完成项目成本归集；严格落实结算资料审核制度，特别是甲供材料和机具、暂估价和暂列金、安全文明措施成本等方面，保证资料真实完备。

2. 创新驱动潜能，推动“三化”转型升级

（1）推动数字化转型升级。明确专人负责项目部数字化建设和现场数字化应用工作，规范基建数字化系统的应用管理。对于重点工程，项目部应在公司专业部门的指导下成立数字化专班，配置“智慧工地平台”，推广应用布控球、架线可视化等视频监控技术，完善开发拉力传感器等受力感知设备。

（2）应用机械化提质增效。明确机械化施工应用模式，落实设计及合同应用比例要求，编制机械化施工单基策划，固化机械化施工作业流程，防止机械化施工对环境的破坏，降低施工风险，安全、高效、优质推进工程建设。推行设备主人制，机械设备的租赁、使用由施工项目部统一管理，机械化施工班组为设备管理的主人（第一责任人），班组要配齐驾驶操作、指挥把关、维修保养等专业人员，建立使用、维修、保养台账记录，科学管理机械，延长机械设备的寿命周期。同时，对优秀班组的机械设备实行“冠名制”，提升班组凝聚力，弘扬班组文化。

（3）完善绿色化施工措施。组织开展工程全过程环水保管控工作，落实环评和水保批复意见要求，编制《绿色施工方案》，明确工程环评和水保工作计划，将环水保工作情况纳入“三检”中，作为转序验收的评价要素，重点关注临时道路修筑、道路损坏、林木砍伐等机械化施工导致的突出问题。

3. 强化党建引领，落实责任担当

（1）打造“党建＋”施工项目部。组建项目部“党员先锋队”，定期开展“党建＋N”活动，在项目管理过程中切实发挥党建引领作用。

（2）打造“廉洁＋”施工项目部。组建项目部廉洁自律领导小组，坚持开展党风廉政建设，建立项目部的惩治和预防腐败体系，坚持“标本兼治、综合治理、惩防并举、注重预防”的方针。

五、工作要求

（一）强化组织领导

各相关单位要深刻认识施工项目部建设的重要意义，加强组织领导，按照本指导意见相关要求，结合电网建设任务和施工企业现阶段的实际情况，制定方案，细化目标，明确任务，责任到人，确保各项保障措施落实到位，全力实现工作目标。

（二）强化过程管控

各相关单位要定期组织召开专项工作推进会，分析制约因素，研究解决办法，切实提升施工项目部的管理实效，积极开展各类评比活动，选推优秀施工项目部，促进施工建设管理工作再上台阶。

（三）强化主体责任

各相关单位要把施工项目部建设作为一个重点，重视各级管理人员的核心能力建设。施工企业要结合本指导意见制定相应的提升方案和管理办法，重点培养项目经理等核心关键人员，建立清晰的职业晋升通道，为项目管理注入新的活力。

附件：

一、表1　施工项目部组成人员配置基本要求（变电）

　　表2　施工项目部组成人员配置基本要求（线路）

二、××项目策划书

附件一

表1　施工项目部组成人员配置基本要求（变电）

序号	施工项目部	项目经理	项目副经理	项目执行经理	项目总工	安全总监	技术员（环水保）	安全员（停电协调）	质检员	造价员	信息资料员（数字化）	材料员	综合管理员（地方协调）
1	500千伏及以上工程	1名	1名	按需配置	1名	按需配置	土建、电气各1名	1名	1名	1名	1名	1名	1名
2	220千伏工程	1名	1名	按需配置	1名	按需配置	土建、电气各1名	1名	1名	1名	1名	1名	1名
3	110千伏及以下工程	1名	1名	按需配置	1名	按需配置	土建、电气各1名	1名	1名	1名	1名	1名	1名

备注：造价员可兼项目，但同期不宜超过3个。

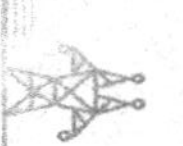

表2 施工项目部组成人员配置基本要求（线路）

序号	施工项目部	项目经理	项目副经理	项目执行经理	项目总工	安全总监	技术员（环水保）	安全员（停电协调）	质检员	造价员	信息资料员（数字化）	材料员	综合管理员（地方协调）
1	500千伏及以上工程	1名	1名	按需配置	1名	1名	土建、电气各1名	1名	1名	1名	1名	1名	1名
2	220千伏工程	1名	1名	按需配置	1名	1名	土建、电气各1名	1名	1名	1名	1名	1名	1名
3	110千伏及以下工程	1名	1名	按需配置	1名	按需配置	土建、电气各1名	1名	1名	1名	1名	1名	1名

备注：造价员可兼项目，但同期不宜超过3个；综合管理员（地方协调）根据线路长度可增设。

附件二

＊＊项目策划书

一、工程概况

1. 站址（路径）情况

2. 施工特点分析

二、施工方案概述

1. 施工方法

2. 机械化施工计划

3. “三跨”施工计划

4. 其他关键点施工计划

三、项目可行性分析

1. 施工成本分析

2. 现有承载力分析

3. 建设环境分析

4. 工程优点及难点分析

5. 结论意见

四、项目经理及团队推荐

1. 项目经理候选人及简历

2. 项目团队候选人员及简历

五、建设管理目标

1. 进度管理

2. 安全管理

3. 质量管理

4. 环水保管理

5. 经营管理

6. 其他管理（人才培养、队伍培育等）

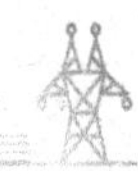

国网湖南省电力有限公司
关于强化电网建设环境保障主体责任的通知

为进一步落实电网建设环境保障主体责任，建立“政企联动、合作共赢”的工作机制，加快建设坚强、绿色、智慧电网，全面提升供电能力，现就强化电网建设环境保障主体责任的有关要求通知如下。

一、工作思路与目标

（1）各单位要提高站位，转变思路，强化公司作为战略投资者与电力供应保障者的“双重身份”，将电网建设环境保障作为市、县公司“一把手”重点工作，促请各级政府将其纳入常态化工作治理体系。

（2）严格执行战略合作框架协议，促请各级政府出台支持性政策，将电网建设纳入营商环境优化范畴，优化项目审批流程。

（3）各市、县公司要促请政府成立领导小组与工作专班，明晰专班成员的工作职责，做好调度协调、督查督办工作。

（4）公司每季度、年度将从“支持性政策落实落地、工作专班高效运转、工作机制有力有效、项目全过程顺利推进”四个维度，对电网建设环境保障主体责任落实情况进行评价和通报，评价结果与年度投资计划挂钩，并纳入企业负责人绩效及同业对标考核体系。

二、工作内容

（一）建立组织体系与工作机制

市（州）公司“一把手”亲自抓，分管领导具体抓，深化“政府主导、政企联动”的电网建设新模式。促请市、区县政府层面成立由主要负责人任组长的电网建设领导小组，下设电网建设协调工作专班，并实体化运作、常态化调度。

市、县公司作为环境保障的责任主体，要促请各级政府支持电网规划编制、可研选址选线、审批手续办理、征地拆迁场平、塔基占地青赔交桩、配套路由建设、施工环境维护等七项要素保障。与政府共同建立“一月一调度、一月一督查、重大事项专题调度”的日常工作机制。

市（州）公司内部建立市、县、所三级协调机制，明确责任主体、工作任务、目标时限，压实各级责任。外部促请政府建立主体责任体系、支撑责任体系、监督考核体系，并请示将电网建设环境保障纳入各级政府及职能部门绩效考核，重点考核要素保障情况及项目完成率。

（二）强化要素保障

1. 规划编制

在电网规划阶段，促请地方政府部门参与规划选址选线，按照“多规合一”的要求，将规划成果纳入国土空间规划，并对站址和线路廊道进行预控、预留。

2. 可研选址选线

建管单位牵头完成电网建设项目选址、选线工作，充分应用电网设施布局规划成果，促请市区县政府及相关职能部门提供站址及路径协议，促请政府明确相关职能部门办理站址和路径协议的时限要求。

3. 审批手续办理

市（州）公司负责促请市、区县政府（县直部门、乡镇、街道）支持办理用地预审与选址意见书。促请地方政府安排专人负责办理用地报批、不动产权证、建设工程规划许可证，配合办理使用林地审核同意书、砍伐证及临时用地手续。

4. 征地拆迁场平

根据电网建设进度计划，市（州）公司提前10个月与地方政府签订变电站用地协议，明确用地价格、用地范围、办证面积、场平质量（政府负责场平的城区变电站）、工期要求。进站道路及边坡挡墙尽量纳入变电站红线或由政府统征。

5. 塔基占地青赔交桩

市（州）公司与区县政府签订线路塔基占地、青赔及房屋拆迁（若有）包干协议，明确不同电压等级塔基占地、青赔及拆房费用标准，费用用于线路工程跨房、塔基占地及临时用地、青苗赔偿、拆房异地安置补偿

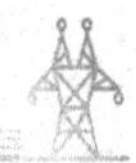

和工作等。促请地方政府按时召开启动会，及时交桩。

6. 配套路由建设

市（州）公司促请区县政府负责道路、埋管、电力隧道等电网项目配套路由的立项和建设。根据项目建设时序，将配套路由项目立项、项目审批、设计定标、设计交付、施工定标、施工进场、路由交付时间节点等纳入区县政府责任事项清单，及时促请地方政府按时交付配套路由。

7. 施工环境维护

市（州）公司负责促请各区县政府工作专班支持，在项目进场前组织相关乡镇街道、社区村委和职能部门召开施工环境维护启动会，如出现阻工、舆情等情况，及时协调处理，避免影响工程进度和对公司造成负面影响。

（三）重点保障措施

1. 促请“一把手”牵头

促请政府主要领导牵头，将电网建设写入政府工作报告，列为市委、市政府重要事项；促请各级各部门主要领导亲自过问、专题安排，加快项目关键要素落地，确保项目有序推进。

2. 出台“一揽子”办法

促请市政府出台支持性政策，统一变电站用地和新建架空线路补偿。促请地方政府负责变电站规划及国土手续办理，统筹道路管线同步建设，加强通道建设过程管理，明确涉电管线设计、施工、验收、移交等关键环节的操作细则和验收、质保标准。

3. 推进“一张网”规划

市（州）公司紧扣电网项目“站址、廊道”两大核心问题，围绕“布得准、落得下、送得出”目标，促请市、区县政府切实将电网设施布局专项规划成果纳入国土空间规划，加强纳规站址、廊道的预留、预控和保护。

4. 建立“一体化”调度

促请市政府层面共同建立“每年一会商、每季一讲评、每月一调度、一月一督查、重大事项专项调度”工作机制；工作专班通过双周例会、月通报点评、专题调研等方式，实现项目管控常态化。区县政府层面，共同建立“一月一调度、一月一督查、一周一专题”工作机制。

三、评价与考核

（一）评价

公司建设部会同相关部门每季度对市（州）公司电网建设环境保障主体责任落实情况进行评价。“支持性政策落实落地、工作专班高效运转、工作机制有力有效”权重为60%；“项目全过程顺利推进”权重为40%，包括落实规划编制（10分）、选址选线（10分）、审批手续办理（25分）、征拆清表场平（20分）、塔基占地青赔交桩（20分）、配套路由建设（10分）、施工环境维护（5分）七个方面职责。同步对主体责任落实特别突出的工作专班进行加分，科学合理评价市（州）公司电网建设环境保障主体责任落实的工作成效。评分表见附件。

（二）考核

公司建设部协同发展部、人资部、法律部，将评价结果纳入市（州）公司企业负责人年度业绩指标考核及市（州）公司、（区）县公司同业对标，并设置单独的建设环境要素保障指标，每季度、年度对照“四个一批”完成情况进行点评。要求各市（州）公司将各区县电网建设环境保障主体责任落实情况纳入（区）县公司企业负责人业绩考核。

评价结果与市（州）公司年度投资计划联动，主网挂钩下年度投资，配网联动年内，对量化评分前三名，且建设环境保障工作成效显著的市（州）公司，加大投资力度，调增年度投资计划（取近三年平均值）的10%～20%；对评分后三名的市（州）公司，调减年度投资计划（取近三年平均值）的10%～20%。

四、工作要求

（一）加强组织领导

各市（州）公司按照“领导小组＋工作小组＋专业小组”的原则，成立电网建设环境保障工作专班，成立由部门、区县公司组成的分区工作

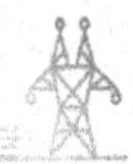

小组，成立发展、建设、运检、营销、科网、安监、宣传保障等专业小组，全面支撑电网环境要素保障工作。

（二）加强统筹协调

各市（州）公司要与区县政府签订推进协议，促请政府各级专班加大力度，提升调度级别，坚持“一把手”工程；促请政府形成“一把手亲自挂帅、靠前指挥”的“政府主导、政企协同”的工作机制。纳入政府治理体系，形成常态化工作调度机制；加强向各级地方党委政府主要领导汇报，及时协调解决重难点问题。

（三）强化督查考核

各市（州）公司要促请市委、市政府督查室加强跟踪督查，对领导小组安排的重点工作挂牌督办，定期通报工作进展；促请将电网建设工作纳入市级年度重点工作和年度绩效评估体系，并纳入区县、部门考核。

（四）加强宣传引导

各市（州）公司要充分利用报纸、广播、电视、网络等媒体，及时向全社会发布供用电形势，宣传加强电力保障对于社会经济发展的重要意义。要加强对社会舆论的正确引导，消除群众误解，争取社会各界最大的理解与支持，打造全社会关注电力发展、支持电网建设的新局面。

附件：电网建设环境保障主体责任事项量化考核评分表

附件

电网建设环境保障主体责任事项量化考核评分表

序号	量化评分内容	标准分	考核评分说明	考评部门	考核得分
一、必备项（权重60%：支持性政策落实落地、工作专班高效运转、工作机制有力有效）					
1	公司与各市（州）政府、各市（州）公司与各市、区县政府签订战略合作框架协议，出台支持性政策。各市（州）公司与区县政府签订推进协议	30分	结合政府出台的支持性政策、文件及后续实施效果综合评定，其中出台政策占40%，成效占60%	发展部 建设部	
2	成立以政府主导的市、县两级电网建设协调工作专班，并实体化运作	30分	根据专班实体化、常态化运作情况及工程实施效果综合评定，其中工作专班实体化运转占40%，成效占60%	建设部 发展部	
3	建立调度协调督查督办机制，工作成效纳入政府绩效考核体系	40分	根据督办落实情况及工程实施效果综合评定，其中督查督办机制占40%，成效占60%	建设部 发展部	
二、要素保障项（权重40%：项目全过程顺利推进）					
（一）规划编制（10分）					
1	开展规划选址选线，确定片区落点与主要路径，确保规划设计方案的基本可行性		未完成每次/项目扣1分，扣完为止	发展部	

续上表

序号	量化评分内容	标准分	考核评分说明	考评部门	考核得分
2	负责推动将电网规划成果纳入市、区县的国土空间规划，促请政府对规划站址和线路廊道进行预留、预控，及时处置侵占规划站址和线路廊道的问题		未完成每次/项目扣2分，扣完为止	发展部	
（二）选址选线（10分）					
1	应用电网设施布局规划成果，提高工程选址选线质效		未完成每次/项目扣1分，扣完为止	发展部	
2	选址选线尽量排除基本农田、自然保护地、生态保护红线、耕地、绿心等重大制约因素		未完成每次/项目扣2分，扣完为止	发展部	
（三）审批手续办理（25分）					
1	及时取得可研相关政府协议，完成可研审批、用地预审与规划选址意见、项目核准等项目前期支持性文件		未完成每次/项目扣2分，扣完为止	发展部	
2	及时与政府签订变电工程征地拆迁包干协议		未完成每次/项目扣5分，扣完为止	建设部	
3	及时配合完成林业、土地等报批手续		未完成每次/项目扣5分，扣完为止	建设部	
4	及时配合取得环评、水保批复		未完成每次/项目扣5分，扣完为止	建设部	

续上表

序号	量化评分内容	标准分	考核评分说明	考评部门	考核得分
（四）征拆清表场平（20分）					
1	变电工程征地按工程节点要求及时督促政府完成清表及交地		未完成每次/项目扣4分，扣完为止	建设部	
2	及时完成线路工程房屋拆迁，避免影响工程推进及投产		未完成每次/项目扣4分，扣完为止	建设部	
（五）塔基占地青赔交桩（20分）					
1	按工程进度节点要求完成线路包干协议签订、青苗赔偿		未完成每次/项目扣4分，扣完为止	建设部	
2	按工程进度节点要求组织召开启动会，及时完成塔基交桩		未完成每次/项目扣4分，扣完为止	建设部	
（六）配套路由建设（10分）					
1	可研阶段取得政府同意函，初设阶段取得政府承诺函		未完成每次/项目扣2分，扣完为止	发展部 建设部	
2	配套路由建设及时立项，纳入政府年度投资计划		未完成每次/项目扣2分，扣完为止	建设部	
3	配套路由项目手续办理及时，建设进度满足电网工程需求		未完成每次/项目扣2分，扣完为止	建设部	
（七）施工环境维护（5分）					
1	及时采取有效措施处理现场阻工、解决现场地方矛盾		未完成每次/项目扣1分，扣完为止	建设部	
2	不发生对公司造成重大负面影响的舆情事件		未完成每次/项目扣1分，扣完为止	建设部	

续上表

序号	量化评分内容	标准分	考核评分说明	考评部门	考核得分
三、加分项					
1	电网建设指标纳入地方政府营商环境考核体系并有效执行		每项加5分		
2	各级政府和职能部门出台优化电网建设审批流程、减免相关费用的政策或文件		每项加2～3分	建设部 发展部	
3	政府常态化工作专班中有在职领导（副县级及以上）负责		每项加2分		
4	提前完成审批手续、征地拆迁、塔基交地、路由交付等工作		视情况每项加2～3分	建设部 发展部	
5	及时处理舆情事件，未对公司造成重大负面影响		每项加5分	建设部 发展部	
6	及时总结电网建设环境保障经验，获得省级及以上主流新闻媒体（《湖南日报》、湖南卫视、央视、《人民日报》、新华社等）正面报道，或者入选湖南电力动态、国网动态		每项加2～5分		
7	市委、市政府主要领导挂点联系、挂牌督办重大电网建设项目		每项加2～3分		
8	电网建设环境保障获得公司主要领导肯定，或在公司电网建设专业会议上做典型经验交流发言		每项加2分		

国网湖南省电力有限公司
关于基建人才培养提升的指导意见

为贯彻国网公司基建“六精四化”战略思路，落实“精心培育强队伍”的目标要求，适应公司主电网持续高位投资、大规模建设的形势，进一步加强基建专业队伍建设，有力支撑现代建设管理体系建设高效推进、见行见效，推动公司电网高质量发展，制定本指导意见。

一、工作现状

高素质基建专业队伍是公司电网高质量建设的基础，是加快构建现代建设管理体系的重要人力资源保障。近年来，公司高度重视基建专业人才培养工作，组织实施了基建队伍能力“三年提升计划”，培育了一批领军专家、高级专家、工匠、技术能手，保障了公司“十三五”电网建设目标安全、优质、高效的完成。然而，公司基建队伍仍存在高精尖人才数量不多、专家人才作用发挥不充分、专业管理和技术技能人员能力不突出等问题，亟需进一步加强人才培养培育，推动基建专业人员素质和管理水平全面提升。

二、工作思路和目标

（一）工作思路

健全基建专业人才队伍培养体系和管理机制，抓实各层级、各类型、各专业人才“选、育、管、用”全过程管理，为基建人员成长成才搭好台子、铺好路子、架好梯子、压实担子，完善人才培养激励机制，尊重人才、关爱人才，形成人人想成才、人人要成才的良好氛围，激发人才成长的内生动力。丰富人才工作经历，提升人才专业实力，全方位支持人才，多渠道成就人才，着力构建“高端专家人才、专业骨干人才、一线技能人

才”齐备、结构合理的基建队伍雁阵格局，为公司电网高质量建设提供强有力的人才保障和队伍支撑。

（二）工作目标

坚持人才是第一资源的基本定位，秉持“管专业就要带队伍”“干事业就要培养人”的理念，聚焦职能管理、项目管理、技术支撑、主力施工四支队伍，通过岗前培训、岗位历练、专项培优、竞赛调考等方式，建成一支人员结构合理、技术技能精湛、管理能力突出、工作作风过硬的基建专业人才队伍，形成人人钻技术、强技能、精管理的良好氛围，全面提升电网建设能力。

至 2025 年，培养并选树一批专业工作能手。培养国网首席专家 1 人及以上，国网工匠 1 人及以上，国网公司级青年托举人才 1 人及以上，国网基建专业高级专家骨干人才 5 人；公司级领军专家 3 人、高级专家 5 人、青年托举人才 3 人；市（州）公司级高级专家 15 人。资深技经专家 3 人，技经专家 10 人。培养并选树“卓越业主项目经理”30 人、“金牌施工项目经理”30 人、“五星施工班长”60 人。

三、职责分工

（一）公司本部部门职责

1. 建设部

负责健全公司基建专业人才培养体系，畅通各级各类人才成长通道，搭建人才交流展示平台，建立“336”人才工程的选拔、培养和激励机制，激发基建专业人才创新创造活力。

2. 人力资源部

大力支持基建专业新员工的分配（包含新进大学生分配至产业单位），负责指导送变电公司和各市（州）公司开展基建专业新员工培训。支持基建专业各级专家人才培养和培育，指导各单位健全人才激励机制。负责基建专业首席专家的推选工作。

3. 党委组织部

对专业人才在省建设公司、送变电公司、经研院等直属单位与各市

（州）公司之间挂职锻炼给予政策支持。

4. 工会

积极支持基建专业技能竞赛，促进基建专业队伍技术技能水平提升。推进开展基建专业职工技术创新工作，依托创新工作室助力青年职工成长成才。在电网建设的一线大力选树培育“劳模”“工匠”，激发广大职工成长成才的愿望。

5. 产业发展部

负责指导省管产业单位开展基建专业人才培养。参与人才选拔、评选工作，督促产业施工单位落实人才激励机制。负责督促、指导产业单位畅通人才引进渠道，落实新员工培训培养和“传帮带”管理。负责产业单位基建“专家”“工匠”人才选育工作。

（二）各单位职责

负责贯彻落实公司基建专业人才培养提升指导意见，实施公司基建人才的培养工作。负责制定本单位技能、技术、管理人才的培训计划并实施。负责组建本单位基建专业人才库及后备人才库，制定中长期培养规划并实施。负责推荐国网工匠和首席专家后备选手，并进行针对性的培育培养。

四、重点工作举措

（一）强化全员基础培训

1. 做实专业全员培训机制

公司建设部聚焦国家政策导向、行业技术路线、国网公司和公司专业工作要求，梳理新出台的法律法规、行业标准、制度文件，针对性开发培训课件，每年组织开展专题集中培训；联合人资部开展公司系统建设管理人员取证考试前的培训，重点培训国家住建领域法律、法规、行政规章制度等，助力建管人员取证；各单位精选参培人员担任授课讲师，组织本单位相关专业全体人员，开展再宣贯、再培训，推动上级管理和技术新要求及时传达、全员掌握、穿透落实。

2. 用好“基建专业知识库”

各单位依托国网学堂、“e 基建 2.0”平台，组织本单位基建专业全体

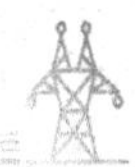

人员开展线上学习，并将学员学时完成情况报公司建设部备案，实现各层级、各专业人员线上学习全覆盖。公司建设部明确国网“基建专业知识库”每年的学习起止时间、必修选修科目、达标学时要求，学习未达到要求、考试不合格的不准担任相应的岗位。

（二）强化技能人才培养

1. 抓好新进员工岗前培训

公司建设部组织开发各工种岗前培训课件，明确理论培训和技能实训课程安排，制定上岗考核评价标准。依托公司基建技能实训基地（大力基地），为施工单位新入职、新从业的施工一线技能人员做岗前培训，经考核评价合格后颁发培训合格证书，新员工需持培训合格证书方能上岗作业。

2. 抓好技能人员岗位历练

（1）班组锻炼筑基础。原则上每位新员工必须进施工班组实习，且需完整参与一个新建工程建设，熟悉专业施工全流程工序要求后，方能从事基建其他管理工作。

（2）完善激励促提升。由高级工及以上等级技能人员担任专业导师，与一定数量的新员工、初级工、中级工签订师徒合同，导师在工程现场通过工序流程讲授、安全质量要点讲解、工艺实操演示、提问答疑纠错等方式，指导学徒实操实练，逐步掌握工序和施工技能，促进员工技能提升；结合工程建设常态化开展施工技能实训，传授新工艺、新工法和新装备的操作技能，不断提升人员技能等级，培养一批基建领域的“蓝领工匠”。导师所指导的学徒每提升一个技能等级，专业导师可获得一定奖励。

（3）营造氛围强技能。每季度，各单位组织施工项目部内或不同施工项目部间开展现场技能“比武”，选取在建项目一个或多个工序，围绕安全措施、熟练程度、工艺质量等维度，分层级、分工种进行竞赛评比，对优胜者给予一定物质奖励，营造“学技能、强技能、精技能”的氛围。

3. 抓好技能人才培优选树

（1）激发动力选人才。送变电公司和产业施工单位根据员工工作业绩和实践效果，优中选优在每个单位建立 10 人的技能人才库、20 人的后备人才库（送变电公司分别为 30 人、60 人），选树一批专业技能带头人，并在项目安排、薪酬激励、评优评先、福利保障等方面给予政策倾斜，激发一线技能人才争先创优的内生动力。

（2）政策支持助成才。鼓励各单位成立劳模（工匠）或创新工作室，在工法研究、专利（工法）申报、奖项申报等方面给予政策和资金支持，助力年轻技能人员快速成长成才。

（3）压实担子促成才。公司建设部建立全省基建专业技能（后备）人才库后，结合年度重点任务、研发课题、技术试点或创新等，通过任务下达、揭榜挂帅、业务融合等方式，给人才“压担子”，锤炼其过硬本领，促进人才快速成长。技能（后备）人才库每两年必须有20%的淘汰率。

（4）多种渠道育人才。公司建设部每年组织各单位开展专业技能竞赛，并对获奖个人授予“技术能手”“专业工匠”等荣誉称号，优选技能人才参加国网公司基建专业技能竞赛；积极推荐技术能手（专业工匠）参与国网公司基建高端人才建设讲坛、技术交流、检查评比等活动，开拓视野、丰富业绩，力争将其培养成国网公司级工匠。

（三）强化技术人才培养

1. 抓好评审专家队伍培养

（1）明确要求建队伍。公司建设部完善评审专家准入和评审能力评价标准，定期组织开展市（州）公司评审能力评价，将评价结果与评审权限下放挂钩，对不达标的市（州）公司纳入企业负责人业绩考核；经研院和各市（州）公司要严格落实评审能力评价要求，选优、配齐各专业评审人员，满足至少组建一支评审团队（固定8人）的要求。

（2）强化交流促提升。每年选调1～2名市（州）公司评审人员赴省经研院跟班学习，每年选派1～2名省经研院专家赴评审水平相对落后的市（州）进行帮扶；邀请市（州）公司评审骨干人员参加国网公司组织的重点工程初步设计评审，观摩高水平评审专家现场评审，提升骨干人员的评审能力；组织编制不同电压等级、不同工程类型设计评审要点，采取交流研讨、案例分析、规程解读等方式，组织开展评审人员常态化培训，指导评审人员提高评审质量。

（3）进位争先立标杆。各单位每季度开展评审人员能力和工作质效考评，评价结果纳入人员绩效评定，综合成绩第一名的被评为“评审之星”；每年遴选一定数量的“评审之星”，授予专业“评审大师”荣誉称号。鼓励各级单位评审人员参与评优评先，激励评审人员不断提升自身能力和工

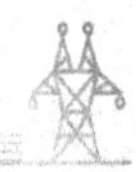

作质量，对于排名靠后的，调整出评审专家团队，营造进位争先的氛围。

2. 抓好设计关键人员培养

（1）多渠道、强队伍、提素质。各单位要切实担负起公司基建专业设计人才培养的主体责任，每年将新入职大学生优先安排至经研所（设计院）从事电网工程设计工作，不断补充设计“新鲜血液”；要通过“内部培养、外部引入”的方式，尽快解决勘察、岩土等专业结构性缺员问题；鼓励设计人员积极参加注册执业资格考试，安排已取证人员担任指导老师，支持参考人员参加考试培训班，帮助年轻设计人员尽快取证，提升员工的专业素质。

（2）搭平台、树典型、促提升。打造技术研讨和经验交流平台，定期开展设计技术交流和现场观摩活动，讨论行业发展动态，研究新技术应用原则，协调标准不一致问题，交流提升设计质量举措；常态化组织开展设计技术培训，学习高分作品的典型经验，研究剖析低分作品的失败教训，取长补短、促进提升。适时组织开展设计竞赛和优秀设计评选，对获奖人员授予“设计之星”等荣誉称号。优选设计骨干人员参与国网公司和公司典型设计修编、新型杆塔设计、新技术应用研究，搭建个人能力展示平台，激发员工的技术创新热情，促进其设计能力提升。

（3）定标准、建机制、促晋升。公司建设部制定总设计工程师、专业主要设计师等关键人员考核评价标准，定期组织开展关键人员考评，发布合格人员名录；建立“驾照式”积分管理机制，对低于积分限值的设计关键人员进行考核处罚。设计单位要建立设计人员考核评价机制，定期开展人员能力考评，让具备能力的设计人员晋升为设总、专业主设人。

3. 抓好施工技术人才培养

（1）树“头雁”。送变电公司和产业单位要高度重视专业技术人才培养，制定项目技术员和项目总工任职标准，编制中长期培养规划，建立项目总工能力评价机制，根据评价结果评定1星～5星，对应可担任35千伏至特高压工程项目总工岗位，发挥好项目总工作为施工技术“头雁”的引领作用。

（2）培“强雁”。送变电公司和产业单位优选积极上进、参与过1～2个完整工程的一线员工担任专业技术员，并安排优秀项目总工与专业技术员签订师徒合同，建立“一对一”培养机制。通过对专业技术员编制的专项施工方案进行集中评审、沙盘演练、复盘点评等方式，促进技术员提高方案编制的科学性、合理性，推动技术员快速成长，筑牢项目技术员在施工技术中“强雁”的砥柱作用。

(3) 育“雏雁”。送变电公司和产业单位要强化调试技术人才培养，将学历高的大学生优先安排从事调试工作，发扬传帮带优良传统，通过工程实践历练，不断培养优秀的调试技术人才，将核心技术牢牢掌握在自己手中；通过“内部挖潜、外部引人”的方式，定向培养一批自有土建专业技术人员，扭转依赖专业分包的不利局面；聚焦机械化施工、模块化建设主流发展方向，组建技术攻关团队，开展施工装备、技术标准、作业工法研究，形成一系列创新成果，培育一批线路和变电专业的新生力量。

(4) 激“群雁”。公司建设部牵头搭建施工技术交流平台，结合线上直播技术论坛、现场观摩学习、重大工程项目管理实践等手段，畅通人才培育成长通道，营造崇尚技术、钻研技术的浓厚氛围，激励施工技术人才不断涌现。

(四) 强化专业管理骨干培养

1. 抓好职能管理骨干培养

省市两级建设部是公司主电网建设管理的“大脑”和指挥中枢，负责专业管理的处长（主任）、专责，要提高自身水平，加强专业管理和技术知识学习，认真研究国家、行业和国网公司关于专业管理的法律法规、行业标准、制度文件，做专业的“带头人”和“行家里手”；积极参加国网公司组织的各类型管理交流、技术研讨、交叉检查、课题研究活动，开拓视野、展现能力，力争成为国网公司基建专业知名专家。要强化人才挖掘，组织开展公司基建系统专业培训和工作交流，发掘培育一批专业拔尖人才，组建基建专业专家人才攻关团队，组织开展专业管理和技术创新课题研究，推动专业管理水平不断提升。

2. 抓好项目管理骨干培养

(1) 强化业主项目经理培养。建设公司和市（州）公司应健全业主项目经理选拔、培育、任用、考核、激励机制，搭建项目经理库和后备人选库，制定项目经理培养中长期规划，后备人才库可以面向全公司全专业选拔，形成年龄结构合理、专业覆盖全面的人才队伍梯队；建立业主项目经理考核激励机制，赋予项目经理组建团队、考核团队成员绩效等权力，从项目安全、质量、进度、技术、造价、管理成效等维度，对项目经理进

行业绩考核，激励业主项目经理持续加强项目精益管理。

（2）强化全能项目总监培养。建设公司（咨询公司）进一步加强项目总监培养，通过制定培育机制和中长期规划开展针对性培养，打造全专业型总监。对于已具备担任变电或线路专业项目总监资格和能力的人员，组织开展跨专业的管理和技术培训，安排其担任或兼任其他专业监理，逐步培养其成为既懂变电又懂线路的全能型总监。建立总监能力评价机制，制定评价标准，依据评价结果评定总监星级，明确其对应的电压等级，鼓励项目总监通过岗位历练，不断提升自身评价等级。

（3）强化项目管理骨干激励。公司建设部定期组织开展业主项目部经理培训、考试及能力等级评定，形成管理能力与项目等级相适应的机制，激励管理骨干积极晋升。推动建立建设公司与市（州）公司间业主项目经理挂职挂岗交流培养机制，促进市（州）公司业主项目经理管理能力提升；推荐优秀骨干人才赴国网公司或其他先进省（市）公司挂职锻炼、交流实践，拓展其专业管理视野。

3. 抓好施工管理骨干培养

（1）优化人员分配交流机制。各单位要全力支持产业施工单位发展，每年分配 2～5 名新进大学生至产业单位一线班组或项目部，为产业单位输送“新鲜血液”，逐步优化施工管理骨干年龄架构，做到有序传承；各市（州）产业施工单位每年选派 1～2 名青年骨干到送变电公司施工项目部挂岗锻炼，快速提升其业务及管理能力。

（2）加强后备人才选用培育。送变电公司和产业施工单位应健全施工项目经理选拔、培育、使用、考核、激励机制，搭建项目经理库和后备人选库，制定项目经理中长期培养规划；对项目经理后备人选开展对标画像，实施精准培育。对于取得建造师证书但管理经验不足的人员，针对性安排其担任项目总工、项目副经理等岗位，帮助其逐步达到项目经理的任职资格条件和能力要求。对于具备能力且满足项目经理任职资格条件的后备人选，施工单位统筹安排取证培训等工作，并按照取证数量、取证等级给予一定物质奖励。

（3）奖惩平衡激发管理动能。建立施工项目经理考核激励机制，赋予项目经理组建经理团队、分配项目奖励、选择及评价考核分包队伍等权力。每季度开展项目管理成效评价考核，从项目进度、安全、质量、经营管理成效等维度，对项目经理进行业绩考核，实行奖励和惩处平衡机制，激发施工项目经理加强精益管理的主动性和积极性。

（五）强化高端人才培养使用

（1）组织搭建基建专业技能、技术和管理专家（工匠）人才库、储备库，定期滚动更新。建立全省范围互联互通的人才共享共用机制，结合国网公司或公司计划安排，搭建管理、技术课题研究平台，从专家人才库和储备库中抽取人员组建联合攻关团队，开展课题研究攻关，助力专家人才提升专业能力、丰富工作业绩，并优先推荐参加公司级领军专家和高级专家评选。

（2）积极推荐专家人才参与国网公司专家讲坛、工作交流、专项检查等活动，提升其在国网系统内的话语权和竞争力，不断培养能入选国网公司基建高级专家库的人才。组织各单位优选重点培养的优秀专家人才，会同人资部每年组织参加首席专家后备人才训练营，拓展其综合素质，提升其专业技术高度，逐步培养其成为国网公司基建专业首席专家。

（3）组织开展以公司领军专家为主，公司级高级专家、青年托举人才、工匠共同参与的专家讲坛活动。围绕管理创新、技术创新等方面，为公司基建专业专家人才搭建展示创新成果、加强技术交流的舞台，充分调动各级专家人才创新创效的积极性。吸纳基建专业公司级和市（州）公司级专家人才，组建政策研究、本质安全管理两个“智库”，常态化开展项目建设和本质安全管理政策研究、管理创新和技术创新研究，为专家人才搭建引领专业发展、展现个人能力的平台。

（六）强化各级各类人才激励

围绕“在干中学、在学中赛、在赛中干”的思路，将人才选育培养与工程建设深度融合，通过树“头雁”、培“强雁”、育“雏雁”、激“群雁”机制，大力开展业主项目经理、施工项目经理和班组长培优三年行动，通过三年时间培养与选树 30 名“卓越业主项目经理”、30 名“金牌施工项目经理”、60 名“五星施工班长”，实现“336”人才培育战略目标。各专业根据管理要求培养与选树“专业能手”。公司人资部指导各单位健全相应的评先、薪酬、晋升等激励机制，激发专业技能人员、技术人员和管理骨干人员争先进位的动力；健全向基建一线人员、完成急难险重任务人员倾斜的薪酬分配机制，鼓励各单位积极探索团队激励制、抢单

制、岗位聘任制等多元化薪酬分配方式。

五、工作要求

（一）提高认识，精心组织

公司基建专业人才培养提升工程是进一步提高技能型、技术型和管理型人才质量的关键举措。公司各部门、各单位要充分认识到这项工作的重要性、紧迫性和长期性，自觉把基建专业人才培养提升的职责扛在肩上、抓在手上、落到行动上，着力建设想干事、能干事、会干事的高素质专业化人才队伍，为公司现代建设管理体系建设提供强有力的人才保障。

（二）压实责任，加强管控

公司建立并完善基建专业人才培养提升的选拔、培养和激励机制，督促各单位有序推进基建专业人才培养提升工作。各单位基建分管负责人是基建专业人才培养提升的第一责任人，要将人才培养提升作为优先发展的重要任务来落实，重大事项要亲自研究、重要工作要亲自部署、重点问题要亲自过问。各单位结合自身实际，制定以需求为导向的实施措施，加强工作推进和过程管控，及时对人才培养提升工程的推进情况、培养成效进行评估，确保各项工作要求落实到位、举措实施到位。

（三）固化机制，强化评价

公司坚持人才培养和使用相结合，固化基建专业人才培养提升的工作要求，建立常态化工作机制，将各单位工作推进情况纳入考核范围，有效提升和引导基建人才队伍建设的工作重视程度、资源投入力度。各单位要结合人员实际情况，突出成才导向，及时总结提炼有益的经验和做法，不断压实责任、夯实基础，确保基建专业人才培养提升取得实效。

附件：

1. 卓越业主项目经理考核评分标准
2. 金牌施工项目经理考核评分标准
3. 五星施工班长考核评分标准

附件1

卓越业主项目经理考核评分标准

考核要素	考核内容	标准分
职称等级	1. 具备中级职称（3分）。 2. 具备副高级职称（5分）。 3. 具备正高级职称（10分）。 以上得分取高值，不累加	10
个人绩效	1. 申报年度前3年个人绩效积分不少于4.5分（5分）。 2. 申报年度前3年个人绩效积分不少于5.5分（8分）。 3. 申报年度前3年个人绩效积分不少于6分（10分）。 以上得分取高值，不累加	10
安全管理	1. 所管理的工程未发生安全事故，实现工程施工合同安全目标，未被省公司及以上单位查处负主要管理责任的Ⅰ类严重违章（10分）。 2. 所管理的工程未发生安全事故，实现工程施工合同安全目标，未被省公司及以上单位查处负主要管理责任的Ⅱ类严重违章（15分）。 3. 所管理的工程未发生安全事故，实现工程施工合同安全目标，未被省公司及以上单位查处负主要管理责任的Ⅲ类严重违章（20分）。 以上得分取高值，不累加	20
质量管理	1. 所管理的工程未发生因工程施工原因造成的六级及以上工程质量事件；工程通过达标投产考核，实现工程施工合同质量目标（10分）。 2. 所管理的工程未发生因工程施工原因造成的六级及以上工程质量事件；工程获省公司优质工程奖（13分）。 3. 所管理的工程未发生因工程施工原因造成的六级及以上工程质量事件；工程获国网公司优质工程奖（16分）。 4. 所管理的工程未发生因工程施工原因造成的六级及以上工程质量事件；工程获电力行业优质工程奖（18分）。 5. 所管理的工程未发生因工程施工原因造成的六级及以上工程质量事件；工程获国家优质工程奖（20分）。 以上得分取高值，不累加	20

续上表

考核要素	考核内容	标准分
进度管理	1. 所管理的工程未发生因工程施工原因造成进度滞后被省公司及以上单位考核的情况，实现工程施工合同工期目标（5分）。 2. 所管理的工程未发生因工程施工原因造成进度滞后被省公司及以上单位考核的情况，提前1个月实现工程施工合同工期目标（5分）。 3. 项目管理策划（建设管理纲要等）编制及时，针对性、指导性强，项目管理过程基本按照策划方案执行（5分）	15
创先争优	1. 所管理的工程中获评一项省公司及以上标杆示范工地（4分）。 2. 所管理的工程中获得一项省公司及以上年度基建专业相关奖项（4分）。 3. 所管理的工程中获评一项省公司及以上无违章现场或标准化示范现场（2分）	10
指导评价	1. 作为授课老师每年参与省公司级及以上本专业培训4学时以上（5分）。 2. 作为教练指导省公司级及以上本专业竞赛1次及以上（5分）。 3. 作为评委参与省公司级及以上职称评审工作（5分）。 4. 作为考评员参与省公司级及以上技能等级评价工作（5分）	20
标准修编	1. 作为主要成员，参与修订或编制省公司及以上级别的电网基建相关管理规章制度及相关标准1项及以上（5分）。 2. 独立或作为第一作者发表本专业相关行业正式出版发行的期刊论文1篇及以上（5分）	10
科技创新	1. 作为主要成员，参与完成依托工程开展的科技项目1项及以上（5分）。 2. 作为主要成员（前3名）获得工法、QC等省部级奖项1项及以上（5分）	10

续上表

考核要素	考核内容	标准分
人才培养	1. 在人才培养及基建梯队建设方面有过一定贡献，在“传帮带”方面培养1名后备业主项目经理（3分）。 2. 个人获得市公司级专家、工匠、劳模、先进个人等荣誉（2分）。 3. 个人获得省公司级专家、工匠、劳模、先进个人等荣誉（4分）。 4. 个人获得国网公司级专家、工匠、劳模、先进个人等荣誉（6分）	15

附件2

金牌施工项目经理考核评分标准

考核要素	考核内容	标准分
执业资格	1. 一级注册建造师并且人证相符（10分）。 2. 二级注册建造师并且人证相符（5分）。 以上得分取高值，不累加	10
个人绩效	1. 申报年度前3年个人绩效积分不少于4.5分（5分）。 2. 申报年度前3年个人绩效积分不少于5.5分（8分）。 3. 申报年度前3年个人绩效积分不少于6分（10分）。 以上得分取高值，不累加	10
安全管理	1. 所管理的工程未发生安全事故，实现工程施工合同安全目标，未被省公司及以上单位查处负主要管理责任的Ⅰ类严重违章（10分）。 2. 所管理的工程未发生安全事故，实现工程施工合同安全目标，未被省公司及以上单位查处负主要管理责任的Ⅱ类严重违章（15分）。 3. 所管理的工程未发生安全事故，实现工程施工合同安全目标，未被省公司及以上单位查处负主要管理责任的Ⅲ类严重违章（20分）。 以上得分取高值，不累加	20
质量管理	1. 所管理的工程未发生因工程施工原因造成的六级及以上工程质量事件；工程通过达标投产考核，实现工程施工合同质量目标（10分）。 2. 所管理的工程未发生因工程施工原因造成的六级及以上工程质量事件；工程获省公司优质工程奖（13分）。 3. 所管理的工程未发生因工程施工原因造成的六级及以上工程质量事件；工程获国网公司优质工程奖（16分）。 4. 所管理的工程未发生因工程施工原因造成的六级及以上工程质量事件；工程获国家优质工程奖（20分）。 以上得分取高值，不累加	20
进度管理	1. 所管理的工程未发生因工程施工原因造成进度滞后被省公司及以上单位考核的情况，实现工程施工合同工期目标（5分）。 2. 所管理的工程未发生因工程施工原因造成进度滞后被省公司及以上单位考核的情况，提前1个月实现工程施工合同工期目标（5分）。 3. 项目管理策划（项目管理实施规划等）编制及时，针对性、指导性强，项目管理过程基本按照策划方案执行（5分）	15

续上表

考核要素	考核内容	标准分
创先争优	1. 所管理的工程中获评一项省公司及以上标杆示范工地（4分）。 2. 所管理的工程中获得一项省公司及以上年度基建专业相关奖项（4分）。 3. 所管理的工程中获评一项省公司及以上无违章现场或标准化示范现场（2分）	10
人才培养	1. 在人才培养及基建梯队建设方面有过一定贡献，在“传帮带”方面培养1名后备项目经理（3分）。 2. 个人获得市公司级专家、工匠、劳模、先进个人等荣誉（2分）。 3. 个人获得省公司级专家、工匠、劳模、先进个人等荣誉（4分）。 4. 个人获得国网公司级专家、工匠、劳模、先进个人等荣誉（6分）	15

附件3

五星施工班长考核评分标准

考核要素	考核内容	标准分
执业资格	1. 具备高级工技能等级（5分）。 2. 具备技师技能等级（10分）。 3. 具备高级技师技能等级（15分）。 以上得分取高值，不累加	15
个人绩效	1. 申报年度前3年个人绩效积分不少于4.5分（5分）。 2. 申报年度前3年个人绩效积分不少于5.5分（10分）。 3. 申报年度前3年个人绩效积分不少于6分（15分）。 以上得分取高值，不累加	15
安全管理	1. 参与的工程未发生安全事故，实现工程施工合同安全目标，未被省公司及以上单位查处负主要管理责任的Ⅰ类严重违章（15分）。 2. 参与的工程未发生安全事故，实现工程施工合同安全目标，未被省公司及以上单位查处负主要管理责任的Ⅱ类严重违章（20分）。 3. 参与的工程未发生安全事故，实现工程施工合同安全目标，未被省公司及以上单位查处负主要管理责任的Ⅲ类严重违章（25分）。 以上得分取高值，不累加	25
质量管理	1. 参与的工程未发生因工程施工原因造成的六级及以上工程质量事件；工程通过达标投产考核，实现工程施工合同质量目标（10分）。 2. 参与的工程未发生因工程施工原因造成的六级及以上工程质量事件；工程获省公司优质工程奖（13分）。 3. 参与的工程未发生因工程施工原因造成的六级及以上工程质量事件；工程获国网公司优质工程奖（16分）。 4. 参与的工程未发生因工程施工原因造成的六级及以上工程质量事件；工程获国家优质工程奖（20分）。 以上得分取高值，不累加	20
创先争优	1. 参与的工程中获得一项省公司及以上标杆示范工地等奖项（4分）。 2. 参与的工程中获得一项省公司及以上年度基建专业相关奖项（4分）。 3. 参与的工程中获得一项省公司及以上无违章现场或标准化示范现场（2分）	10

续上表

考核要素	考核内容	标准分
人才培养	1. 在人才培养及基建梯队建设方面有过一定贡献，在“传帮带”方面培养1名后备施工班组长（3分）。 2. 个人获得市公司级专家、工匠、劳模、先进个人等荣誉（2分）。 3. 个人获得省公司级专家、工匠、劳模、先进个人等荣誉（4分）。 4. 个人获得国网公司级专家、工匠、劳模、先进个人等荣誉（6分）	15

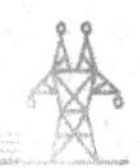

国网湖南省电力有限公司
关于电网建设新产业工人管理工作的指导意见

为贯彻国网公司基建“六精四化”战略部署，加快推进现代建设管理体系落地，创新管理机制，搭建培育平台和管理平台，着力提升新时代产业工人技能水平和专业素质，建设一支秉承劳动精神、劳模精神、工匠精神的高素质产业工人队伍，赋能电网高质量建设，制定本指导意见。

一、工作背景

产业工人是推动电网高质量建设的基础，是构建现代建设管理体系的重要人力保障。目前产业工人队伍面临老龄化严重、技能素质低、安全意识差、流动性大、权益保障不到位等问题，主要表现在：一是产业工人的培育机制不健全。缺乏系统培训，职业发展通道不通畅，相较于建筑行业，人才队伍就业、岗前和在职教育的全过程孵化链较为落后。同时，由于电网建设工作场景具有“移动性”，使得人员投入具有不连续性，呈现局部高峰等特点，导致技能人员供需矛盾，人员综合素质与技能水平无法完全满足电网高质量建设需求。二是产业工人的统一管理不到位。缺乏全面高效的管理平台和过程管控机制，同时长期形成的传统、粗放型管理，人员信息和准入规则缺失，造成产业工人的流动性大、固化率低，福利待遇权益缺乏保障。施工企业对产业工人的管理方法较为落后，管理机制不健全，已影响到电网建设的持续健康发展。

二、工作思路和目标

（一）工作思路

搭建培育和管理两个平台，构建产业工人和企业用工的双赢局面。一是建立培育平台，提升产业工人整体素质。依托送变电公司电网建设专业实训基地成立“电网建设新产业工人孵化基地”，与长沙电力职业技术学院或地方技术职业学校探索“产教融合”方式，打造“技能培育+就业服务”新模式，为电力施工企业持续提供高素质产业工人，形成产业工人稳定的就业途径和职业发展通道。二是建立管理平台，实现产业工人统一管理。在“e基建2.0”自主开发信息管控平台，完善产业工人准入选择、过程管理、激励考核、退出等全过程管控体系，逐步形成技能精湛、人员固化的产业工人队伍，确保管理水平高、技能等级优的人员进入施工作业现场。

（二）工作目标

2023年，搭建起产业工人培育平台和管理平台，建立系统的培训机制和管理机制，运用数字化信息技术手段，规范产业工人管理，基本建立专业化、公司化的电网建设产业工人队伍。2024年，产业工人的产教融合基地实体化运作，管理机制健全，电网建设产业工人技能水平测评、技能等级鉴定、考核评价体系基本健全。2025年，实现电网建设产业工人数字化管理平台应用全覆盖、准入管理全覆盖，项目管理人员持证上岗达到100%，具备职业技能等级的班组骨干达到100%；施工企业现场班组负责人固化率达到80%、技工与普工固化率达到70%。

（三）提升方向

1. 搭建产业工人培育平台，实现“两个更优”

积极引入长沙电力职业技术学院或地方技术职业学校的师资力量，待条件成熟后签订“产教融合”战略合作协议。公司建设部、人资部专业指导，送变电公司主导，产业单位参与，共同设立“电网建设新产业工人孵化基地”，实现产业工人能力素质更优、产业工人发展通道更优的目标。

2. 健全产业工人培训体系，聚焦“两个对象”

聚焦管理和作业两个对象，健全“电网建设新产业工人孵化基地”的培训管理体系，开展产业工人职业技能测评和技能鉴定。一是聚焦项目部，实施管理人才深耕工程。以管理穿透力、执行力和执行能力为重点，对施工项目部人员开展内部取证、在岗深造等针对性培训，确保各专业人员持证上岗，管理人员形成梯队，有效提升施工项目部的管理能力。二是聚焦作业班组，实施作业人员技能提升工程。以工作实践、动手能力和安

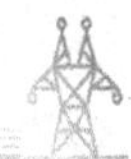

全技能为重点，引入虚拟仿真等新技术手段，对作业层班组人员分专业开展实操、岗前、从业资格技能测评和技能鉴定等培训，着力提升产业工人的专业技术水平、现场履职能力和安全技能水平。

3. 建设数字化管理系统，把好“两个关口”

开发“产业工人管理平台”模块，内设实名制管理、培训管理两个模块，对产业工人的进出场、工资支付、教育培训、评价考核等方面进行数字化管理，重点把好“两个关口”。一是做实准入管理关。建好管理系统与培训系统，规范产业工人准入门槛，对未取得准入资格、培训未通过及“黑名单”人员由平台管理系统实施禁入管理，从源头上杜绝其进入施工现场，降低施工现场的安全风险。二是做好过程评价关。加强产业工人现场履职全过程管控，建立产业工人身份信息、技能等级、证书情况、岗前培训及工作履历等信息台账。加强对产业工人的检查评价和考核，及时记录其施工质量安全业绩信息和经营业绩水平，构建产业工人“守信激励、失信惩戒”的诚信管理体系。

4. 健全产业工人管理机制，确保“两个到位”

规范产业工人用工管理和薪酬激励制度，实现产业工人分类分级，提升产业工人的薪酬权益保障水平，进一步调动和激发产业工人的积极性、主动性、创造性，确保“两个到位”。一是人员跟踪管理到位。加强产业工人现场履职全过程管控，结合“驾照式”积分精准量化评价结果，强化产业工人过程监督检查评价，及时记录其施工质量、安全业绩信息，形成一支知识型、技能型、创新型的产业工人大军。二是福利保障到位。施工企业加强对产业工人福利保障的监测和评估，让产业工人的权益得到有效维护，不断增强其获得感、幸福感、安全感。

三、职责分工

1. 公司建设部

负责统筹电网建设新产业工人的培育和管理工作，健全产业工人管理相关制度，组织在“e 基建 2.0”平台开发“产业工人管理平台”模块。负责指导、监督和考核相关单位的产业工人。

2. 公司人资部

负责产业工人产教融合基地的日常管理，负责专业范围内产业工人的培训和管理。

3. 送变电公司

负责产业工人培育平台和管理平台的日常运维。具体承担产业工人培训的实施工作，开展产业工人准入资格审核，授权组织开展职业技能测评和技能等级鉴定。负责本单位产业工人进出场管理、过程管控和评价考核等日常管理，及时足额发放工资，依法保障产业工人的合法权益。

4. 省管产业施工单位

组织本单位产业工人准入资格审核，开展技能培训。负责本单位产业工人进出场管理、过程管控和评价考核等日常管理，及时足额发放工资，依法保障产业工人的合法权益。

四、具体举措

（一）搭建产业工人产教融合基地

1. 建设产教融合共建培育平台

（1）建立合作机制，形成育人载体。公司建设部、人资部积极推动“电网建设新产业工人孵化基地”引入长沙电力职业技术学院或地方技术职业学校师资力量，条件成熟后签订“产教融合”战略合作协议，明确各方责任和义务，确保产教融合机制的顺利推进。依托送变电实训基地建设“电网建设新产业工人孵化基地”，全面承担产业工人培训、竞赛调考、资源开发、资源购置、评价认定及取证（内外）、就业指导等工作，并做好平台的日常运维与管理工作。

（2）整合培训资源，固化核心项目。通过基地师资与行业专家、职员、工匠强强联手，组建柔性教研团队，针对电网建设产业工人的需求和现实应用，分类开发教学产品和培训课程体系，内容涵盖电网建设管理知识、施工技术、技能操作培养等方面。紧密围绕电网建设产业工人培育目标，不断充实产教融合师资队伍，进一步固化平台主业核心项目，长远支撑产教融合基地的业务发展。

（3）完善培评体系，搭好产教桥梁。探索通过与长沙电力职业技术学院以及具备资质的外部机构合作，为产教融合基地扎实开展就业培训、岗前培训、在岗培训、技能提升培训、专项培训提供软硬件支撑，进一步完

善职业能力认证和培训评估体系。通过全面聚焦安全与经营，借助外部力量共同推动产学研合作，搭建起产业和教育之间的桥梁，促进人才培养和技能水平的提升。

2. 打通产业工人职业发展通道

（1）打通职业发展通道，固化评价工种。按照人员分类，精细化管控技能等级鉴定工作，解决系统外员工不能取得技能等级资格认证的问题。通过实训基地与湖南省电力企业协会合作，为系统外产业工人开展专项职业技能等级鉴定工作，参照职业技能等级评价规范，常态化开展架空线路工、变电一次安装工、变电二次安装工、土建施工员、机具维护工等工种职业技能鉴定工作。

（2）明确晋升机制，择优转变身份。将管理人员、班组骨干、设备操作、一般作业人员按 A、B、C、D 类人员进行分类，每类按岗位及履职能力划分为 1 ～4 级，明确每类人员的等级晋升机制。开通身份转换通道，重点针对优秀管理人才、优秀技能人才，即 A、B 类人员择优转变，进一步优化劳务用工—派遣员工—直签员工—长期员工的身份转变通道，固化产业工人队伍，有力充实电网建设核心力量。

（二）完善产业工人培训培养体系

1. 实施管理人才深耕工程

（1）聚焦管理人才，严格持证管理。聚焦各单位管理人才和项目管理关键岗位人员，搭建系统化、层次化的基建管理人才培训体系。邀请专业领域顶尖专家、外部技术专家，针对管理人员开展脱产培训、专业交流研讨，重点对工程项目管理理论、项目风险管理、质量管理、成本控制、沟通协作、问题处置等进行培训。严格持证管理，明确考培形式，设置合格期限，帮助专业管理队伍开拓专业视野、展望专业前景，从而提高专业管理队伍整体水平。

（2）关注青年人才，做实培育体系。关注各单位青年员工和转岗（返岗）人员的成长，系统搭建复合型基建青年人才培训体系。主要针对输变电工程施工作业流程实操、现行安全管理制度、安全防护用品使用规范、安全风险辨识、违章分析、在建项目现场观摩、企业文化、职业规划、党建教育、廉政教育等，帮助青年员工队伍掌握核心技术与基本技能，磨炼“基建人”吃苦耐劳、坚毅果敢的职业品格，打牢管理基础，储备坚实的后备力量。

2. 开展作业人员技能提升行动

（1）抓好作业人员，提升安全意识。抓好现场作业负责人、技工、普工，搭建分类分级技能人才培训体系。主要从现行安全管理制度、安全防护用品使用规范、安全风险辨识、违章分析、实操答辩等方面进行培训，旨在提升作业人员的安全技能水平和意识。实行作业人员准入制度，筛选优质人员，固化优质作业班组，从根本上降低工程建设的安全风险。

（2）管好操作人员，提高操作技能。管好施工现场设备操作人员，主要从机械设备基本知识、使用规范、工作原理、使用优缺点、质量检查、施工常见问题及预防措施，机械常见故障分析排查、维护与保养等方面进行培训，着力提升操作人员的操作技能，以操作手“人证合一”为基本原则，确保每个项目参建班组均配备合格的设备操作人员，强化操作人员管控。

（三）建设数字化信息管理系统

1. 建设产业工人培训管理系统

（1）建设培训模块，健全培训评估机制。建设培训管理系统，主要针对学员管理方面，从培训资源、培训记录、评价与考试、统计与分析四个方面重点开发。有效支撑新产业工人从业资格认定、技能等级评价，确保产业工人培训认定工作的顺利实施，强化培训效果的监督与评价，切实提升产业工人的技能水平和工作绩效。一是丰富线上培评形式。运用线上远程培训、在线教育、在线考试等多种方式开展，根据产业工人的岗位、资格认定及技能等级评价内容推送相应的课程，个人在App 端或者 PC 端进行观看学习。对学习培训过程实行积分管理，积分通过观看教育视频和浏览培训课件即可获得。二是强化培评结果应用。动态记录线下培训认证、培训积分、考评结果、资格取证等情况信息，支撑产业工人准入及过程管控，对未完成基本安全培训、未取得准入资格的人员，由管理系统实施禁入管理。

（2）做实准入管理，强化技能测评。准入人员为参与主电网施工的所有人员，包括管理人员、班组骨干、设备操作人员、一般劳务人员。准入类型包括技能测评合格证、设备操作证。一是技能测评合格证。技能测评合格证适用于管理人员、班组骨干、一般劳务人员，分线路、变电专业人

员，准入时效为2年。其中，管理人员、班组骨干在“孵化基地”集中脱产培训，技能测评通过后核发本岗位作业资格证。一般劳务人员由各单位自主实施培训，培训课时完成后参加安全准入考试，合格后核发本岗位作业资格证。二是设备操作证。设备操作证适用于设备操作人员，分测量工、压接工、绞磨操作手、牵张机手、材料站机械操作手、电建钻机操作手、履带式吊车操作手7种类型人员，准入时效为3年。采取在“孵化基地”集中脱产的培训方式，以基本技能、现场实操、标准作业等贴近现场工作的技能培训为主，技能测评通过后核发本岗位设备操作证。

2. 完善产业工人实名制管控系统

（1）完善管理模块，实现动态跟踪。以产业工人实名制管理为核心，动态记录产业工人实名制信息、培训考评、技能等级、从业记录、考核评价等信息，支撑产业工人全过程跟踪管理。一是入场管理。运用人脸识别技术，通过系统App端采集产业工人身份证、银行卡等信息，签订电子用工协议，确保人、证、协议相符。二是过程管控。通过人脸识别及移动定位实施考勤管理，真实掌握各在建工程产业工人的用工情况。实时记录施工过程中的安全质量履职评价，对超评价标准人员系统予以警示，并计入从业记录，作为奖惩依据。三是结果应用。依据管理系统考勤信息，确保工资真实、及时、足额发放；运用系统“黑名单”功能，建立全省范围“黑名单”数据库，杜绝其进入施工现场，降低施工现场的安全风险。

（2）固化评价标准，做优数据中心。加强产业工人过程跟踪评价，明确跟踪要点及评价标准，实时监测与评估产业工人的工作表现与能力，为产业工人人力资源分析提供数据支撑。一是明确评价维度及标准。根据产业工人的工作职责和要求，固化评价指标和标准，主要从安全措施执行、作业行为、作业质量、遵章守纪、参工履历等情况实施全过程监督管控。二是做优数据跟踪信息。施工企业专业管理部门及施工项目部要加强对产业工人的履职评价，结合安全监控中心远程视频、上级单位及兄弟单位的违章通报，充分应用管理系统及时记录产业工人的履职情况。对于产业工人不良行为、不落实安全责任、发生质量安全事故等违法违规行为，参照“驾照式”积分管理，计入其信用用工记录，完善产业工人履职资信能力数据库。

（四）切实完善产业工人管理机制

1. 确保人员跟踪管理到位

（1）实行分类分级，落实激励机制。对产业工人进行分类分级管理，从薪酬、福利等各方面进行管理，调动产业工人用工的积极性，鼓励产业工人奋发向上，持续提升自身能力素质。一是实行分类分级管理。按四类人员进行分类管理，即A类为项目管理人员，B类为班组骨干，C类为设备操作人员，D类为一般作业人员。每类人员分为四个等级，即A1—A4、B1—B4、C1—C4、D1—D4，从产业工人的岗位类别、职业技能等级、安全质量履职记录、信用评价记录四个维度综合评价产业工人等级。二是落实正向激励机制。坚持“技高者多得、多劳者多得、绩优者多得”的原则，建立与工人岗位角色、业绩贡献、出勤时长等挂钩的薪酬激励机制，坚持考核与激励并重。合理设置专项工资，将薪酬激励与安全生产、质量保证挂钩，以薪酬激励促进工程质量安全水平和产业工人技能水平的提升。

（2）健全评价体系，筑牢生产底线。重点对产业工人的安全、质量、资信情况进行“驾照式”积分管理，并计入其信用用工记录。在一个自然年度内，安全违章及质量事件之和达到24分的人员（当年的记分不转入次年），取得的准入资格作废，由管理系统自动拉入“黑名单”，在全省范围内通过系统禁入，杜绝其进入施工现场。待参加培训、考核合格重新取得准入资格后再行上岗。一是安全履职。个人发生省公司界定的安全Ⅰ类严重违章行为，每次记6分；发生安全Ⅱ类严重违章行为，每次记4分；发生安全Ⅲ类严重违章行为，每次记2分；违反有关安全规定以及其他事项，每次记1分。二是质量评价。个人发生工程质量主控项目不合格事件，负主要责任者每项记3分，负次要或同等责任者每次记2分；一般项目不合格，负主要责任者每项扣0.5分，负次要或同等责任者每项扣0.3分。三是个人信誉。每2年针对录入系统人员与公安大数据对接，筛查有无犯罪等不良记录。对于有不良记录的人员，纳入“黑名单”管理。

2. 确保人员福利保障到位

（1）加强用工监督，保障基本权益。一是管好源头。施工企业明确专人负责产业工人管理，依托管理系统对产业工人用工情况实施监督，掌握施工现场用工、考勤、工资支付等情况，严格审核工资发放人员与管理系

统人员及考勤的一致性，确保及时、足额支付工资。二是严格监督。工资发放后，通过管理系统对工资发放情况进行线上公示，切实保障产业工人的合法权益。对于分包、承包企业拖欠或拒不支付产业工人工资的，总承包单位应当先行清偿，再依法进行追偿，并根据拖欠情节轻重对相关分包商予以积分扣分，或者在一定时期内纳入“黑名单”管理。

（2）明确各项标准，提升福利保障。一是保险全覆盖。指导各单位产业工人依法纳入基本养老保险覆盖范围，用足用好各项社保稳岗优惠政策，推动实施在劳动合同中列明产业工人参保所需费用的制度，在逐步实现社保统筹、应参尽参的基础上，优先确保产业工人工伤保险参保率达100%。对于不能按用人单位参加工伤保险的产业工人，由施工总承包企业负责按项目缴纳产业工人工伤保险。二是保障全达标。不断改善产业工人劳动安全的卫生标准和条件，配备符合行业标准的安全帽、安全带等具有防护功能的工装和劳动保护用品。改善产业工人的生活环境，制定“产业工人生活标准化清单”，确定配置标准。

国网湖南省电力有限公司
关于电网建设合规管理提升的指导意见

为贯彻国网公司基建“六精四化”战略思路，全面落实公司合规管理提升的工作部署，防范基建合规风险，强化合规管理能力，锻造流程合规、手续合法的管理体系，助力构建现代建设管理体系，护航公司电网高质量建设，制定本指导意见。

一、工作思路和目标

（一）工作思路

坚持以习近平法治思想为指导，合规管理是央企法制建设的重要内容，是适应环境变化、防范化解重大风险的重要保障，是不断做优做强电网建设的内在要求。强化重点领域、重点业务的合规管理，持续开展机制建设及风险识别排查，加强关键环节、关键节点的合规性管控，重点防范因拖欠进城务工人员工资而引发舆情的情况，建立合规意识更加牢固、风险防控更加有效的管理体系，持续提升公司电网建设依法合规性，筑牢电网建设的合规之基、合规之本。

（二）工作目标

夯实合规管理已取得的成效，使公司合规管理体系更加完善，机制运行更加顺畅，合规意识更加牢固，风险防控更加有效，确保公司系统不出现系统性、颠覆性法律合规风险，不发生重大及以上违规事件，严禁项目未批先建、未验先投，完成不动产权清理等历史欠账，为加快实现现代建设管理体系建设提供坚强的法治保障。

二、职责分工

（一）公司本部业务部门职责

1. 建设部

负责统筹编制公司合规管理提升工程工作方案，进一步完善基建合规管理相关制度，强化专业领域内合法合规性审查，梳理业务管理重要环节面临的合规风险，组织对各单位基建专业合规管理情况进行检查。

2. 产业部

负责完善产业单位合规管理相关制度，强化专业领域内合法合规性审查，梳理业务管理重要环节面临的合规风险，组织对各产业单位基建专业合规管理情况进行检查。

3. 法律部

认真履行统筹推动和组织协调职责，共同促进电网建设合规管理体系建设，推进合规文化建设，参与编制合规管理提升工程工作方案。

4. 纪委办

加大合规管理的监督力度，将合规管理作为巡察监督的重要内容，做好检查监督“后半篇文章”。

5. 审计部

加大合规管理的监督力度，将合规管理作为审计监督的重要内容，组织落实“六协调”相关要求。

（二）各单位职责

贯彻落实公司合规管理提升工程工作方案的重要举措，各单位开展全方位的合规管理工作情况自查自纠，制定本单位基建合规管理风险销号清单，将合规要求落实到岗、明确到人，提高电网建设的质效。

三、重点工作举措

（一）加强审批手续合规管理

1. 合理编制工程前期工作计划

提前开展行政审批手续办理。新建变电站工程应在用地预审完成后2个月内完成土地利用规划调整，在初步设计取得批复后4个月内取得林业审批手续，6个月内完成农用地转用及土地征收审批，7～8个月取得建设用地批准书。线路工程应在取得初步设计批复后4个月内取得永久用林手续，开工前应取得临时用林审批手续和砍伐证。

2. 严格执行工程建设审批手续

各参建单位抓好全过程关键节点管控，严格执行《国网湖南电力建设部关于加强电网建设项目全过程管理的指导意见》（建设〔2022〕47号）有关要求。开工前，按《输变电工程开工重要条件核实清单》内容，变电工程应核实使用林地审核同意书、林木采伐许可证、农用地转用、土地征收审批单等前置条件，线路工程应核实建设工程规划许可证、区（县）级地方会议、塔基包干补偿委托协议等前置条件。投产前，以取得不动产权登记证和消防验收（备案）手续为关键，以保障工程长期安全稳定运行为必要前提，按照《工程启动试运条件落实表》逐项梳理项目投产的内外部要素。对于不能在投产前完成的个别事项，建管单位应提前与运维单位沟通，并制定闭环计划。严格执行真实投产要求，杜绝虚报投产，规避审计风险。

3. 强化工程施工分包管理

公司建设部协同产业部开展工程分包专项治理，严禁超承载力承揽工程，严禁违法转包，严抓违规分包问题，严格分包准入，规范分包合同、分包结算、分包资金管理，强化体制机制建设，提高依法合规和精益化管理水平，提升产业单位风险防控能力。

4. 加强工程建设资金协同管理

严格落实《国网湖南电力建设部关于进一步加强主电网工程技经和审计“六协同”管理（试行）的通知》（建设〔2022〕100号），共同咨询采购造价单位，共同审定规模以上变更签证，共同审核工程竣工结算，共

同开展依法合规建设，共同审核技经费用标准，共同审核重大调整费用。

（二）加强环保合规管理

1. 建立基建岗位环保合规清单

各单位按照“管业务必须管环保”的要求，落实业务部门环保合规管理主体责任，压紧、压实、压准参建各方的职责。全面梳理业务管理流程，分析重要环节面临的环保合规风险，建立《输变电工程环保合规管理岗位清单》（附件1），将风险点有效控制在岗位，及时化解在岗位，防线筑牢在岗位。

2. 严格工程环保手续审批

开工前，组织核实环评、水保及水土保持补偿费缴纳等前置条件。投产前，以环保水保设施（措施）与主体工程同时投产使用为必要条件，对于不能在投产前完成的个别事项，建管单位应提前与运维单位沟通，并制定闭环计划。工程带电投产后3～6个月分别完成竣工环保验收（取得规定网站上信息备案记录）、水土保持设施验收（取得水利部门备案回执）。

3. 强化工程全过程环保管控

设计文件中严格落实环评、水保报告及批复提出的设施（措施）要求和费用，施工合同中明确环保水保施工内容。业主、施工及监理项目部严格执行《电网建设环保水保规范管理二十条（试行）》（建设〔2022〕107号）有关要求，各参建单位严格抓好全过程关键节点管控，严格管控施工行为，防范水土流失，确保噪声、外排水等达标排放。

（三）加强劳动用工合规管理

按照《国家电网有限公司关于贯彻〈保障农民工工资支付条例〉防范相关法律合规风险的通知》（国家电网法〔2020〕372号）文件要求，加强防范未提供支付担保、未约定人工费、未按要求及时足额拨付的法律合规风险，防范未设立进城务工人员工资专用账户及工资保证金的法律合规风险，防范未严格执行劳务用工实名制管理的法律合规风险。严格执行进城务工人员工资“五制”支付管理，强化过程管理，建立信息台账，加强过程监督检查，确保进城务工人员工资支付到位。

（四）加强业务廉政风险排查

1. 建立基建岗位合规、廉政风险责任清单

各单位按照“管业务必须管合规”的要求，落实业务部门合规管理主体责任，按照“一项目一清单一评价”模式，压紧、压实、压准各方职责，通过全面梳理业务管理流程，分析重要环节合规风险，建立《业务流程管控合规管理清单》，促进合规审查、廉政建设嵌入全业务流程，实现关键节点合规、廉政要求全覆盖。根据岗位特点和岗位合规风险，建立《业主项目部（项目管理部）岗位廉洁风险识别、防控措施清单》（附件2）、《设计项目部岗位廉洁风险清单》（附件3）、《施工项目部岗位廉洁风险清单》（附件4），将风险点有效控制在岗位，及时化解在岗位，防线筑牢在岗位。

2. 建立合规管理风险自查自纠问题清单

以项目为单位开展全方位合规管理风险排查工作，排查电网建设过程中的历史遗留问题，排查屡查屡犯问题的法律合规风险点，形成《电网建设合规风险梳理台账》。根据自查结果，形成风险和问题清单，剖析风险根源，逐项研究风险防控和整改措施，立行立改，切实做到心中有数、预警及时、防控有效。

3. 建立基建业务廉政风险排查和报告机制

公司建设部会同法律部、纪委办及审计部持续加强内部控制建设，共同促进基建廉政风险排查和报告机制的建立。对巡视巡察、专业检查中发现的违纪违规问题，根据《国网湖南省电力有限公司关于加强违规事件报告和处置的通知》（湘电公司法〔2021〕291号）要求，专业部门应及时向法律部门横向报告，各单位专业部门和法律部门应及时向上级单位对口部门纵向报告，及时排查风险，发现问题，堵住漏洞，促进合规管理水平提升。

（五）常态化开展廉政合规督导

公司建设部、产业部会同法律部、纪委办、审计部对违规、违纪事件频发的单位加强调研及帮扶，对资金密集型、权力集中型单位开展常态化廉政合规督导，重点关注项目法人费、建设场地征用及清理费、前期工作费、生产准备费、重大变更或签证费等费用，督导其专业上是否依法合

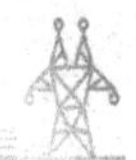

规，廉政上是否损公肥私，切实指导、帮助被督导单位整改提升。相关单位持续巩固深化各类检查成果，做好问题整改“后半篇文章”，举一反三、建立长效机制，推动电网建设合规、廉洁。

四、工作要求

1. 整章建制育文化

各单位持续开展规章制度再梳理、业务流程再优化、操作流程再捋顺，将外部监管要求转化为公司内部合规操作指南。推动依法合规经营理念深入人心，做到依法建设、依规建设。

2. 风险排查强根基

各单位要把基建领域合规管理作为一项长期任务，建立健全工作机制，积极开展风险摸排，严格落实问题整改，分解任务、压实责任、细化措施、夯实基础，不断消除个性问题，杜绝“习惯性违章”。对违规事件要报送及时、处置高效，结合实际研究制定改进措施，既要防止老问题反弹，又要防止新问题滋生。

3. 协同配合齐发力

各建管单位要切实履行专业合规管理的主体职责，将合规管理纳入本年度全局工作，统筹谋划，各单位积极配合，形成合力，共同推进电网建设领域合规管理提升工作。

4. 强化考核促提升

进一步完善员工合规考核评价制度，建立对账销号制度，做到事前控制、事中监督、事后考核，细化同业对标评价标准，将电网建设依法合规纳入考核范围，切实发挥考核的激励约束作用，对违规行为严肃问责，切实发挥震慑和警示作用。不断引导员工合规办事、合规从业，努力形成合规为荣、违规为耻、人人合规的良好氛围。

附件：

1. 输变电工程环保合规管理岗位清单
2. 业主项目部（项目管理部）岗位廉洁风险识别、防控措施清单
3. 设计项目部岗位廉洁风险清单
4. 施工项目部岗位廉洁风险清单

附件 1

输变电工程环保合规管理岗位清单

序号	工作事项	合规工作要求	责任岗位
1	环境评价及水土保持方案管理	1. 110 千伏、220 千伏输变电工程编报环境影响报告表，500 千伏及以上电压等级输变电工程编报环境影响报告书。 2. 工程实施方案与环评批复方案发生界定的重大变动后，应在变动实施前重新报批并取得批复。 3. 征占地面积大于 5000 平方米且小于 5 万平方米或填挖方总量大于 1000 立方米且小于 5 万立方米的工程编报水土保持方案表，征占地面积大于 5 万平方米或填挖方总量大于 5 万立方米的工程编报水土保持方案书。 4. 工程实施方案与水保批复方案发生界定的重大变动后，应在变动实施前重新报批并取得批复。 5. 环评报告、水保方案通过公司组织的内审后方可报外审	建管单位环评、水保方案管理岗位
2	环境评价及水土保持方案质量审查管理	1. 按照环境评价导则、水土保持方案的编制要求组织审查，提出审查意见，督促闭环。 2. 不出现审查后项目被行政部门质量通报的情况	经研院环境评价及水土保持方案质量审查管理岗位
3	水土保持补偿费缴纳	按要求足额缴纳水土保持补偿费，取得缴纳凭证	建管单位相应管理岗位

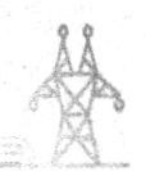

续上表

序号	工作事项	合规工作要求	责任岗位
4	开工前置条件审查	申报和签署开工令时，审查是否依法取得环评报告批复、水保方案批复、缴纳水土保持补偿费	施工项目部开工令申报和建管单位开工审批岗位
5	环水保设计管理	组织设计单位落实环评报告及批复、水保方案及批复所提要求，计列相关费用	建管单位设计管理岗位
6	环水保设计质量审查管理	1. 组织设计评审专家审查环保水保设施（措施）设计和相关费用计列情况。 2. 在设计评审意见中明确环水保审查意见	经研院设计审查岗位
7	施工合同管理	在合同中明确环保水保设施（措施）施工要求	施工合同管理岗位
8	水土保持监测管理	1. 编制水土保持方案报告书，项目在实施过程中组织开展水土保持监测。 2. 水土保持监测频次及内容，报告编写、备案及公示等按规定要求开展	建管单位环保专责岗位
9	施工环水保管理	设置管理人员，管理督促施工、监理单位履职尽责	业主项目部及环保管理岗位
10	施工环水保管理	设置管理人员，组织开展施工前策划，检查督促施工人员在临时道路开挖、基础施工、架线前和投产前落实环水保管理要求，在施工日志中记录环保水保工作内容	施工项目部及环保管理岗位

续上表

序号	工作事项	合规工作要求	责任岗位
11	施工环水保管理	1. 征占地面积大于20万平方米且小于200万平方米，或填挖方大于20万立方米且小于200万立方米，由具有水土保持监理资格人员开展水保监理；征占地面积大于200万平方米，或填挖方大于200万立方米，由专业水土保持监理单位开展水保监理。 2. 开展临时道路开挖、基础施工、架线前和投产前等重点环节监理，督促施工单位对存在的问题整改闭环，在监理日志中记录环保水保工作内容	监理项目部及监理岗位
12	投产环水保管理	投产前对植被复绿、污水处理装置、降噪设置、建筑垃圾清运、土地整治等的完成情况、质量评定等进行管理，确保环保水保设施（措施）与主体工程同时投入使用	建管单位工程投产管理岗位
13	竣工环保验收	工程带电投产后，及时公布投产时间、调试完成时间；投产后3个月通过竣工环保验收，且在规定网站上备案相关信息	建管单位环保专责岗位
14	水土保持设施验收	工程带电投产后6个月通过水土保持设施验收，且取得水利部门备案回执	建管单位环保专责岗位

附件2

业主项目部（项目管理部）岗位廉洁风险识别、防控措施清单

岗位	风险点	风险因素	防控措施
项目经理/项目副经理	工程甲供剩余材料及废旧物资处理不符合相关规定	超权限私自处理工程甲供剩余材料和废旧物资，如私自处理废旧光缆、导线、电缆等材料，协同参建单位私自处理工程甲供剩余材料及废旧物资等	1. 严格执行工程甲供剩余材料和废旧物资处理规定。 2. 禁止与特定关系人经营的企业进行关联交易。 3. 会同施工项目部、物资管理机构、财务、审计、纪检等部门进行抽查核对
	工程质量检验把关不严	因局部利益或收受，对工程存在的问题隐瞒不报或没有如实汇报	1. 强化原材料入场检验，严格履行见证取样相关质量管控要素。 2. 强化项目过程管理，加强对隐蔽工程及施工各阶段验收等关键环节的质量管控。 3. 严格执行工程施工质量验收与评定规程，规范开展分部工程及监理、初检、验收等质量控制工作
	安全生产中出现失职、渎职行为	工程施工安全检查中，因局部利益，对安全文明施工检验把关不严，对工程施工存在的安全问题隐瞒不报或没有如实汇报，反违章工作落实不到位，给施工安全带来隐患	1. 严格执行安全生产规定。 2. 切实加强现场监督检查

续上表

岗位	风险点	风险因素	防控措施
项目经理/项目副经理	职责划分不明	工作边界不清晰或职责划分不明确引起廉洁问题、事件	1. 明确职责、工作标准、工作目标，规范岗位设置，明晰岗位职责。 2. 协助修订完善岗位工作标准和相关管理标准。 3. 建立严格的岗位权力制衡机制
	主管或负责工作流程中的廉洁风险预控不到位	1. 没有按照廉洁风险管理的要求对主管业务和岗位开展风险识别、评估，对主管或负责工作流程中的风险不清楚。 2. 制定的控制措施宽泛，针对性和操作性不强，主管或负责工作流程中的预控措施不到位	1. 按照廉洁风险管理的要求，定期或不定期结合岗位和工作实际开展风险识别、评估工作。 2. 针对廉洁风险执行防控措施，按“四种形态”要求，将问题消除在萌芽状态，确保落实到位。 3. 加强廉洁风险管理的指导、监督和考核
	受外力诱惑，利用职权获取不正当利益	工程技术管理有漏洞，督察不力，虚报工程量签证数据，给予参建单位利益，损害甲方利益	1. 加强制度监控，项目管理部全方位监管。 2. 严格执行公司工程管理规定

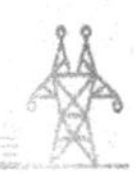

续上表

岗位	风险点	风险因素	防控措施
项目安全工程师	安全把关不严，责任心不强，安全工作落实不到位，失职、渎职	1. 对于不安全操作和安全隐患，不按章处罚，讲人情，原则性不强。 2. 因局部利益或收受红包，安全监控厚此薄彼，导致安全施工可控性降低	1. 严格执行安全生产规定。 2. 加强管控力度，自觉接受监督
	瞒报或隐瞒事故事实	发生事故时，为维护局部利益，对事故隐瞒不报或不如实上报，以期大事化小，小事化了	严格执行国家及公司安全生产监督管理有关法律法规和规章制度，及时组织开展事故调查，查清事故原因，制定防范措施，在规定的时间内上报安全生产事故简况、报表和调查报告书
	受外力诱惑，利用职权获取不正当利益	与参建单位共同套取安全文明施工费，或者对施工单位购置不合格的安全工器具予以放行	1. 严格执行安全文明施工费用的签证，禁止虚列或套取安全文明施工费用。 2. 严格管控施工单位投入项目的安全工器具的质量
项目质量工程师	瞒报或隐瞒事故事实。质量检验把关不严，不按设计图纸进行监督检查	1. 对发生的事故隐瞒不报或不如实上报，以期大事化小，小事化了。 2. 因局部利益或收受好处，在施工过程履职松懈，监管薄弱。 3. 讲人情，原则性不强，造成施工质量监管缺失	1. 严格执行工程施工质量管理规定，积极推进项目标准化、精细化管理。 2. 切实加强施工建设质量的过程监督，确保责任分工明确，数据记录真实，施工工序到位。 3. 及时汇报施工过程中的各种问题

续上表

岗位	风险点	风险因素	防控措施
项目质量工程师	对工作流程中的廉洁风险防控不到位	对工作流程中的潜在廉洁风险不了解，或制定的预案针对性、操作性不强	定期或不定期梳理工作流程中存在的廉洁风险，根据评估情况，有针对性地制定防控措施，确保落实到位
	岗位职责履行不严，质量监督检查把关不到位，出现失职、渎职行为	在工程施工质量检查中，收受施工项目部或分包单位的好处，对工程施工存在的质量问题隐瞒不报或没有如实汇报，给施工质量带来隐患	1. 严格执行质量通病防治措施及标准工艺要求。 2. 切实加强现场监督检查。 3. 定期开展工作绩效考核
	对工程设备和工程材料的验收检查不规范	1. 收受施工项目部或分包单位的好处，不按相关要求对设备和材料进行验收和检查，导致劣质设备和材料流入项目现场。 2. 对供货商业务人员不按正规手续办理到货验收、结算手续，而提出不合理要求，吃拿卡要，故意刁难施工单位，从中谋取好处	1. 加强对工作人员的廉洁教育。 2. 不定期开展对施工单位的回访工作
	报审的质量测量设备或砂石水泥钢筋等入场材料质量不符合要求	1. 因局部利益，使用未经年检合格的测量设备。 2. 见证取样未认真开展。 3. 入场材料未经把关，导致不合格材料进入施工现场	1. 提高项目管理人员的质量意识和对质量管理规定的学习。 2. 对须配置质量测量的设备，必须严格履行申报流程，合格后方可使用。 3. 严格执行原材料见证取样送检流程。 4. 对入场材料进行严格把关，复检合格后方可使用

续上表

岗位	风险点	风险因素	防控措施
造价工程师	变更签证审核不规范	不规范计取费用，对多列、虚列费用未严格审核	1. 严格执行工程变更签证“先签后干”的要求。 2. 严格按“工程变更签证管理办法”进行变更签证的审核。 3. 严格进行工程变更签证的核查
	工程资金支付依据不合规、不完整	为谋取不正当利益，对工程资金支付依据不合规、不完整的工程款予以支付或未付款到合同约定的账户	严格执行工程合同约定
	工程结算不规范	费用计取不合理，结算不规范	1. 严格执行工程结算管理办法，按时按质组织参建单位提交竣工结算，预审并上报工程结算。 2. 严禁结算中计列不合理费用，规范计取各项费用。 3. 配合做好竣工决算、审计、结算监督检查工作
	利用职务便利谋取私利	违反“中央八项规定”精神和公司有关规章制度，索拿卡要，包庇纵容，接受利益方宴请、礼金等	定期开展监督检查，对违规行为严肃查处
项目监理员	受外力的诱惑，利用职权获取不正当利益	利用自己所负责的工作范围权限与参建单位进行利益交换	1. 加强对工作人员的廉洁教育。 2. 强化职业道德学习

附件3

设计项目部岗位廉洁风险清单

岗位	风险点	风险因素	防控措施
项目部全体人员	廉洁学习不到位，不清楚党纪法规要求及党风廉政建设相关要求	1. 未开展廉洁学习教育。 2. 没有结合业务工作开展党风廉政建设	1. 业务会上结合工程实际进行廉洁知识宣讲。 2. 在安排专业工作时，针对具体工作提出反腐倡廉要求
	公开事项不完整、不真实	对需公开的内容不明确或执行不到位	1. 设立廉洁宣传专栏，做好廉洁文化宣传。 2. 发挥群众监督的作用，有关事项及时报告
	廉洁承诺履行不到位	1. 未开展廉洁承诺，承诺没有体现岗位实际要求，不易被监督。 2. 不能自觉履行承诺	公示承诺内容，接受监督
	不认真履行职责，发生失职、渎职行为	1. 不认真履行职责。 2. 监督不力，考核力度欠缺	1. 明确职责、工作标准、工作目标。 2. 定期开展工作绩效考核。 3. 严格执行责任追究和问责制度
	危害社会的行为	1. 参与赌博、吸毒、嫖娼等违反社会管理秩序的活动，被公安机关拘留。 2. 饮酒、醉酒驾驶机动车辆，违反道路交通安全法律法规，被公安机关拘留	1. 开展警示教育。 2. 加强八小时以外管理，防微杜渐

续上表

岗位	风险点	风险因素	防控措施
总设计工程师	在勘察设计、设计评审和专业支撑等工作过程中，利用工作之便，出现虚报差旅、会议、印制费用，或者接受相关单位和人员的吃请、礼物等行为	1. 设计指定品牌和型号。 2. 为相关方提供不正当的便利，收受利益关系人的红包、宴请和其他消费。 3. 公开招标技术规范书中为他人承揽项目给予定制特有参数，使其中标。 4. 不能准确把握工作关系和私人关系。 5. 虚报差旅、会议和印制费用，谋取私利	1. 把好设计成品和招标技术规范书的校核审核关。 2. 定期开展自查自纠，自觉接受监督。 3. 健全费用报销制度等
	在项目设计阶段，故意扩大项目规模和工程量，造成投资浪费	勘察收资不到位或没有勘察，主观臆测	审核勘察设计依据
	在项目实施阶段，出具虚假设计变更或签证，造成投资损失	配合不良施工单位出具虚假设计变更或签证，套取工程投资款	严格把关设计变更和签证的现场真实性和规范性
	瞒报或不如实上报廉洁事件	发生廉洁事件时，为维护局部利益，对事件隐瞒不报或不如实上报	严格执行党风廉政有关规定，出现廉洁事件及时汇报
主设计师	对技术规范书确认把关不严	收受供货商好处，降低要求或模糊化技术规范书确认，导致劣质设备和材料流入施工现场	1. 加强对工作人员的廉洁教育。 2. 加强技术培训工作

续上表

岗位	风险点	风险因素	防控措施
主设计师	工程验收工作把关不严	在工程施工技术指导和监督过程中，收受施工负责方好处，对工程施工存在的技术问题隐瞒不报或不如实汇报，给施工质量和安全带来隐患	严格履行工作职责，认真遵守法律法规和执行各项管理制度。强化施工过程管理，加强对隐蔽工程及施工各阶段验收等关键环节的验收
	在勘察设计、设计评审和专业支撑等工作过程中，利用工作之便，出现虚报差旅、会议、印制费用，或者接受相关单位和人员的吃请、礼物等行为	1. 设计指定品牌和型号。 2. 为相关方提供不正当便利，收受利益关系人的红包、宴请和其他消费。 3. 公开招标技术规范书中为他人承揽项目给予定制特有参数，使其中标。 4. 不能准确把握工作关系和私人关系。 5. 虚报差旅、会议和印制费用，谋取私利	1. 把好设计成品和招标技术规范书的校核审核关。 2. 定期开展自查自纠，自觉接受监督。 3. 健全费用报销制度等
	在项目设计阶段，故意扩大项目规模和工程量，造成投资浪费	勘察收资不到位或没有勘察，主观臆测	审核勘察设计依据
	在项目实施阶段，出具虚假设计变更或签证，造成投资损失	配合不良施工单位出具虚假设计变更或签证，套取工程投资款	严格把关设计变更和签证的现场真实性和规范性
	瞒报或不如实上报廉洁事件	发生廉洁事件时，为维护局部利益，对事件隐瞒不报或不如实上报	严格执行党风廉政有关规定，出现廉洁事件及时汇报

附件 4

施工项目部岗位廉洁风险清单

岗位	风险点	风险因素	防控措施
项目部全体人员	廉洁学习不到位，不清楚党纪法规要求及党风廉政建设相关要求	1. 未开展廉洁学习教育。 2. 没有结合业务工作开展党风廉政建设	1. 在业务会上结合工程实际进行廉洁知识宣讲。 2. 在安排专业工作时，针对具体工作提出反腐倡廉要求
	公开事项不完整、不真实	对需公开的内容不明确或执行不到位	1. 设立廉洁宣传专栏，做好廉洁文化宣传。 2. 发挥群众监督的作用，有关事项及时报告
	廉洁承诺履行不到位	1. 未开展廉洁承诺，承诺没有体现岗位实际要求，不易被监督。 2. 不能自觉履行承诺	公示承诺内容，接受监督
	不认真履行职责，发生失职、渎职行为	1. 不认真履行职责。 2. 监督不力，考核力度欠缺	1. 明确职责、工作标准、工作目标。 2. 定期开展工作绩效考核。 3. 严格执行责任追究和问责制度
	危害社会的行为	1. 参与赌博、吸毒、嫖娼等违反社会管理秩序的活动，被公安机关拘留。 2. 饮酒、醉酒驾驶机动车辆，违反道路交通安全法律法规，被公安机关拘留	1. 开展警示教育。 2. 加强八小时以外管理，防微杜渐

续上表

岗位	风险点	风险因素	防控措施
项目经理（项目执行经理、项目副经理）	在工程劳务分包工作中，因个人利益违规推荐分包队	1. 推荐具有特定关系的外包队，从中收受好处。 2. 为外包队伍提供便利，收受利益关系人的红包、宴请和其他消费。 3. 在他人承揽工程时给予帮助，使其中标。 4. 不能准确把握工作关系和私人关系	1. 明确分包准入、分包比选的流程，把好准入关、审核关。 2. 定期开展自查自纠，自觉接受监督
	主管或负责工作流程中的廉洁风险预控不到位	1. 没有按照廉洁风险管理的要求对主管业务和岗位开展风险识别、评估，对主管或负责工作流程中的风险不清楚。 2. 制定的控制措施宽泛，针对性和操作性不强，主管或负责工作流程中的预控措施不到位	1. 按照廉洁风险管理的要求，结合岗位和工作实际开展风险管控工作。 2. 针对廉洁风险执行防控措施，按“四种形态”要求，将问题消除在萌芽状态，确保落实到位。 3. 加强廉洁风险管理的指导、监督和考核
	赔偿不透明	1. 为谋取个人利益虚列、多列青苗、绿化、市政道路、“三跨”等赔偿费、民工费、交通疏导费。 2. 利用职权为关系利益人超标准多算赔偿费，从中收受好处，给企业造成损失	严格执行政府赔偿标准，严禁无依据、无原则赔偿
	瞒报或不如实上报廉洁事件	发生廉洁事件时，为维护局部利益，对事件隐瞒不报或不如实上报	严格执行党风廉政有关规定，出现廉洁事件及时汇报

续上表

岗位	风险点	风险因素	防控措施
项目经理（项目执行经理、项目副经理）	虚列工程量，套取工程成本	利用职权虚报工程量签证数据，给予施工队利益，损害企业利益	加强制度监督，项目部全方位监管
	工程剩余材料及废旧物资处理不符合相关规定	1. 超权限私自处理工程剩余材料和废旧物资，如私自处理废旧光缆、导线、电缆等材料。 2. 将工程剩余材料低价卖给特定关系人，从中收受好处。 3. 截留处理废旧物资收入，违规使用	1. 严格执行工程剩余材料和废旧物资处理规定。 2. 禁止与特定关系人经营的企业进行关联交易。 3. 会同项目部、物资管理机构、财务、审计、纪检等部门进行抽查核对
	工程质量检验把关不严	因局部利益或收受好处，对工程存在的问题隐瞒不报或没有如实汇报	1. 强化施工过程管理，加强对隐蔽工程及施工各阶段验收等关键环节的质量管控。 2. 严格执行工程施工质量验收与评定规程，规范开展施工三级验收、工程阶段验收等质量控制工作
	在安全生产中出现失职、渎职行为	在工程施工安全检查中，因局部利益对安全文明施工检验把关不严，对工程施工存在的安全问题隐瞒不报或没有如实汇报，反违章工作落实不到位，给施工安全带来隐患	1. 严格执行安全生产规定。 2. 切实加强现场监督检查

续上表

岗位	风险点	风险因素	防控措施
项目经理（项目执行经理、项目副经理）	职责划分不明	工作边界不清晰或职责划分不明确引起廉洁问题、事件	1. 明确职责、工作标准、工作目标，规范岗位设置，明晰岗位职责。 2. 协助修订完善岗位工作标准和相关管理标准。 3. 建立严格的岗位权力制衡机制
	不能正确行使职权	1. 决策、执行、监督未实行“三分离”。 2. 缺乏权力制约、协调机制。 3. 重点岗位干部、员工选择调整、回避制度执行不到位。 4. 擅自越权决定有关事项。 5. 不按规定请示汇报	1. 完善决策、执行、监督“三分离”工作机制。 2. 建立健全岗位权力制衡机制，实行不相容岗位职责分离和关键岗位定期交流等制度。 3. 建立健全业务管理制度和程序，统一明晰各项标准，降低管理中的自由裁量权
	工地消耗性材料采购不按公司物资管理办法执行	1. 大宗物资采购评审流程不规范。 2. 合同签订数量与实际需求数量不符	1. 严格执行公司物资管理办法。 2. 相关职能部门参与采购评审过程。 3. 加强物资采购评审监督检查
项目总工	分包比选阶段违规操作	故意泄露标底或其他技经数据信息，或者从中谋取不当利益	1. 进一步加强保密教育。 2. 监督部门加强过程监督，对泄密事项加大查处力度。 3. 评标专家小组加强信息收集、汇总的管理，减少泄密的可能性

续上表

岗位	风险点	风险因素	防控措施
项目总工	工程质量检验、隐蔽工程、关键受力结构件质量把关不严	因局部利益或收受好处，对工程存在的问题隐瞒不报或没有如实汇报	1. 强化施工过程管理，加强对隐蔽工程及施工各阶段验收等关键环节的质量管控。 2. 严格执行工程施工质量验收与评定规程，规范开展施工三级验收、工程阶段验收等质量控制工作
	主管或负责工作流程中的廉洁风险预控不到位	1. 没有按照廉洁风险管理的要求对主管业务和岗位开展风险识别、评估，对主管或负责工作流程中的风险不清楚。 2. 制定的控制措施宽泛，针对性和操作性不强，主管或负责工作流程中的预控措施不到位	1. 按照廉洁风险管理的要求，定期或不定期结合岗位和工作实际开展风险识别、评估工作。 2. 针对廉洁风险执行防控措施，按“四种形态”要求，将问题消除在萌芽状态，确保落实到位。 3. 加强廉洁风险管理的指导、监督和考核
	受外力诱惑，利用职权谋取不正当利益	工程技术管理有漏洞，督察不力，虚报工程量签证数据，给予施工队利益，损害企业利益	1. 加强制度监控，项目部全方位监管。 2. 严格执行公司工程管理规定
	工地消耗性材料采购不按公司物资管理办法执行	1. 大宗物资采购评审流程不规范。 2. 合同签订数量与实际需求数量不符	1. 相关职能部门参与采购评审过程。 2. 加强物资采购评审监督检查

续上表

岗位	风险点	风险因素	防控措施
信息资料员	资料管理，台账不规范	因局部利益出具虚假施工记录，资料填写不规范，造成资料和现场脱节	加强自身修养，接受监督，健全制度，严格规范资料管理
	信息资料保密不严	1. 不宜对外公开的事项，擅自扩散和公开。 2. 存储信息资料的优盘、电脑、档案柜等载体未进行设密或上锁，导致非工程人员随意使用、下载拷贝	1. 对信息设备和信息系统采取保密技术防范措施，开展保密技术检查。 2. 加强对重点工程、重大事项、重要谈判的管理。 3. 严格规范管理制度，建立健全管理责任制。 4. 参加保密培训，签订廉洁承诺书
技术员	对工机具设备和工程材料的验收检查不规范	1. 收受供货商好处，不按相关要求对设备和材料进行验收和检查，导致劣质设备和材料流入施工现场。 2. 对供货商业务人员不按正规手续办理到货验收、结算手续，而提出不合理要求，吃拿卡要，故意刁难供应商，从中谋取好处	1. 加强对工作人员的廉洁教育。 2. 加强监督工作
	工程材料计划把关不严	虚列、多列材料计划品种、数量，从中谋取私利	1. 加强对工作人员的廉洁教育。 2. 加强监督与核查工作

续上表

岗位	风险点	风险因素	防控措施
技术员	工程技术监督工作把关不严	在工程施工技术监督过程中收受施工负责方好处，对工程施工存在的技术问题隐瞒不报或没有如实汇报，给施工质量和安全带来隐患	1. 严格履行工作职责，认真执行各项管理制度和法律法规。强化施工过程管理，加强对隐蔽工程及施工各阶段验收等关键环节的质量管控。 2. 严格执行工程施工质量验收与评定规程，规范开展施工三级验收、工程阶段验收等质量控制工作
	简化或跳越流程办理业务	1. 不按规定执行工作流程，简化或跳越流程，规避正常程序，逃避监督。 2. 管理流程上、下不能相互制约，业务流程执行缺乏监督。 3. 对流程审核、监督不严	1. 建立健全管理制度和程序，统一明晰各项标准，督促严格执行。 2. 定期对业务流程进行监督检查，督促整改存在的问题。 3. 将职权使用作为对员工绩效考核的指标，加强考核
	工程验收把关不严	因局部利益或收受好处，工程验收把关不严，造成工程未能完成达标投产要求	1. 强化施工过程管理，加强对隐蔽工程及施工各阶段验收等关键环节的质量管控。 2. 严格执行工程施工质量验收与评定规程，规范开展施工三级验收、工程阶段验收等质量控制工作
	受外力诱惑，利用职权谋取不正当利益	工程技术管理有漏洞，督察不力，虚报工程量签证数据，给予施工队利益，损害企业利益	1. 加强制度监控，项目部全方位监管。 2. 严格执行公司工程管理规定

续上表

岗位	风险点	风险因素	防控措施
质检员	瞒报或隐瞒事故事实。质量检验把关不严，不按设计要求施工	1. 对发生事故隐瞒不报或不如实上报，以期大事化小，小事化了。 2. 因局部利益或收受好处，施工过程履职松懈，监管薄弱，偷工减料，以次充好，虚报冒领。 3. 讲人情，原则性不强，造成施工质量不过关	1. 严格执行工程施工质量规定，积极推进项目标准化、精细化管理。 2. 切实加强施工建设质量的过程监督，责任分工明确，数据记录真实，施工工序到位。 3. 及时汇报施工过程中的各种问题
	对工作流程中的廉洁风险防控不到位	对工作流程中的潜在廉洁风险不了解，或制定的预案针对性、操作性不够	定期或不定期梳理工作流程中的廉洁风险，根据评估情况，有针对性地制定防控措施，确保落实到位
	岗位职责履行不严，质量监督检查把关不到位，出现失职、渎职行为	在工程施工质量检查中收受分包方好处，对工程施工存在的质量问题隐瞒不报或没有如实汇报，给施工质量带来隐患	1. 严格执行质量通病防治措施及标准工艺要求。 2. 切实加强现场监督检查。 3. 定期开展工作绩效考核
	对工机具设备和工程材料的验收检查不规范	1. 收受供货商好处，不按相关要求对设备和材料进行验收和检查，导致劣质设备和材料流入施工现场。 2. 对供货商业务人员不按正规手续办理到货验收、结算手续，而提出不合理要求，吃拿卡要，故意刁难供应商，从中谋取好处	1. 加强对工作人员的廉洁教育。 2. 不定期开展对供应商的回访工作

续上表

岗位	风险点	风险因素	防控措施
质检员	采购的质量测量设备或砂石水泥钢筋等入场材料质量不符合要求	1. 因局部利益，使用未经年检合格的测量设备。 2. 材料复检所定实验室不符合规范要求或试品试件未全部送检。 3. 入场材料未经把关导致不合格材料进入施工现场	1. 提高项目部各级人员质量意识，强化质量管理规定的学习。 2. 对须配置的质量测量设备，必须先行申报，通过正规厂家购置。 3. 入场前按规范要求确定实验室，做好材料送检计划，严格按要求送检。 4. 对入场材料进行严格把关，复检合格后方可使用
安全员	施工把关不严，责任心不强，安全工作落实不到位，失职、渎职	1. 对于不安全操作和安全隐患，不按章处罚、整改，讲人情，原则性不强。 2. 因局部利益或收受红包好处，安全监控厚此薄彼，造成安全施工可控性降低。 3. 违反安全操作规程，擅自违章指挥作业，致使发生人身事故	1. 严格执行安全生产规定。 2. 加强管控力度，自觉接受监督
	瞒报或隐瞒事故事实	发生事故时，为维护局部利益，对事故隐瞒不报或不如实上报，以期大事化小，小事化了	严格执行国家及公司安全生产监督管理有关法律法规和规章制度，及时组织开展事故调查，查清事故原因，制定防范措施，在规定的时间内上报安全生产事故简况、报表和调查报告书

续上表

岗位	风险点	风险因素	防控措施
安全员	擅自采购安全工器具	未经分公司批准，擅自购置安全工器具；且购置不合格的安全工器具，给作业人员带来安全隐患	1. 提高项目部各级人员安全意识，强化安全工器具管理规定的学习。 2. 对必须在外购置的安全工器具，必须先行申报，通过正规厂家购置。 3. 加强现场排查，清理不合格的安全工器具
	“两措费”使用不真实	与供应商串通虚列费用，套取“两措费”	1. 加强廉洁风险教育。 2. 严格执行安全文明用品采购计划和预算
造价员	工程结算不规范	因局部利益，工程项目以预算代结算	1. 严格执行工程结算管理办法。 2. 严禁结算中计列不合理费用。 3. 按规定及时报送结算数据。 4. 配合做好结算监督检查工作
	工程计划、预结算编制不规范	通过虚列项目、材料等方式，套取工程款，进行私分	1. 严格执行工程计划和预算。 2. 严格进行工程验收和结算。 3. 按进度拨付工程款

续上表

岗位	风险点	风险因素	防控措施
造价员	工程分包违规	1. 利用职务之便为施工队伍介绍工程业务。 2. 在他人承揽工程时给予帮助，使其中标。 3. 故意泄露标底或其他技经数据信息，或者从中谋取不当利益。 4. 在分包结算中，为谋取个人利益造成公司利益受损	1. 工程分包公开评标。 2. 严格按照公司相关规定执行。 3. 进一步加强保密教育，监督部门加强过程监督，对泄密事项加大查处力度。 4. 评标专家小组加强信息收集、汇总的管理，减少泄密的可能性。 5. 完善分包流程，严格结算把关管理
	利用职务便利谋取私利	发现问题不能坚持原则，而是包庇纵容，接受宴请、红包、礼金和其他消费等	定期开展监督检查，对违规行为严肃查处
施工协调员	民事、青苗赔偿不透明	1. 疏于监管，或为谋取个人利益虚列、多列青苗赔偿费。 2. 利用职权为关系利益人超标准多算赔偿费，并从中收受好处，给企业造成损失	严格执行政府赔偿标准，严禁无依据、无原则赔偿
	青苗补偿资金协议的签订不严谨	1. 协议签订不符合要求，有漏洞，审核把关不严。 2. 补偿资金没有及时、足额到位	1. 规范签订协议合同，严格审核审批制度，严格按合同条款办事。 2. 及时与当地政府沟通，依托政府做好补偿工作

续上表

岗位	风险点	风险因素	防控措施
施工协调员	资金支付不规范	1. 没有专款专用。 2. 采取现金支付或不按要求支付到指定账户。 3. 补偿资金管理制度不健全	1. 严格把握赔偿标准。 2. 禁止现金支付。 3. 健全赔偿制度及付款流程
综合管理员	财务报销不规范，套取资金	采取虚开会议费、资料费等方式套取资金，谋取不正当利益	1. 严格执行公司财务管理规定。 2. 强化审计监督。 3. 严格财务预算和计划管理。 4. 严格报销及费用支出审核
	出现公款私用现象	1. 利用职权借用公款资金用于个人使用。 2. 以银行验资、出差等名义将公款挪作他用。 3. 将单位资金违规存放银行，获取个人利益	1. 严格执行公司财务管理制度。 2. 加强审计检查。 3. 严格执行账户管理制度，加强开户监管
	工程资金支付依据不合规、不完整	为谋取不正当利益，对工程资金支付依据不合规、不完整的工程款予以支付或付款未达合同约定的账户	严格执行公司工程财务管理办法
	工程费用管理不规范，出现贪污现象	1. 在日常工作中虚开油料费等发票报销。 2. 在会议中通过虚填专家名单等方式提取咨询费等会议费用。 3. 贪污工程结余资金	1. 加强财务管理文件的学习教育。 2. 加强管理费用的预算管理。 3. 加强票据审核和报销管理。 4. 严格执行工程管理规定。 5. 强化监督检查

续上表

岗位	风险点	风险因素	防控措施
材料员	工程擅自采购材料	1. 在利益关系人开办的厂家采购材料，从中收受好处。 2. 接受关联供应商礼金、购物卡等。 3. 将比选相关信息透露给供应商。 4. 利用负责采购之便，在采购材料中受贿	1. 禁止与特定关系人交易。 2. 严格按照程序采购。 3. 严格执行物资采购规定。 4. 严格财务审核
	以权谋私，不按正常程序采购物资，不按照规章制度管理、发放材料和工机具	1. 利用负责采购之便，收受回扣。 2. 收受红包，采购的材料及工机具质量等不符合施工要求，不合格材料进场，点数不实。 3. 材料和工机具发放不按照正常程序	1. 严格执行物资采购规定。 2. 严格审核，明确物资材料及工机具台账
	工地消耗性材料采购不按公司物资管理办法制度执行	1. 零星物资采购评审流程不规范。 2. 合同签订数量与实际需求数量不符	严格执行公司物资管理办法
	对工机具设备和工程材料的验收检查不规范	1. 收受供货商好处，不按相关要求对设备和材料进行验收和检查，导致劣质设备和材料进入仓库。 2. 对供货商业务人员不按正规手续办理到货验收、签证手续，而提出不合理要求，故意刁难供应商，从中谋取好处	加强对工作人员的廉洁教育

续上表

岗位	风险点	风险因素	防控措施
材料员	工程剩余材料及废旧物资处理不符合相关规定	1. 超权限私自处理工程剩余材料和废旧物资，如私自处理废旧电缆，私自变卖旧导线等材料。 2. 将工程剩余材料和废旧物资低价卖给特定关系人，从中收受好处。 3. 废旧物资不按规定办理退库手续，违规截留、私自变卖或用于其他工程。 4. 截留处理废旧物资收入，违规使用	1. 项目部要按规定处理废旧物资，严格执行工程剩余材料和废旧物资处理规定。 2. 禁止与特定关系人经营的企业进行关联交易。 3. 完善废旧物资源头管理办法，加强源头回收力度。 4. 会同项目部、物资管理、财务、审计、纪检等部门进行抽查

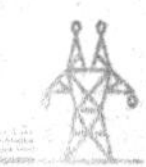

国网湖南省电力有限公司
关于加强产业单位设计及施工能力建设的
指导意见

为贯彻国网公司基建“六精四化”战略思路，加快提升各市（州）产业单位的建设能力，强化省内基建梯队建设，提高产业单位的基建人才储备、生产装备、施工能力、设计能力、安全质量管控等各方面的水平，夯实基建管理基础，打造素质过硬的队伍，制定本指导意见。

一、工作现状

1. 骨干人员不足

人才是企业的核心竞争力。随着电网建设管理要求的提高，产业单位承载力和核心竞争力不足的问题日益突出，施工、设计关键管理人员缺失，难以适应现代建设管理要求。

2. 管理机制不优

现有的考核激励、分包管理和日常管理等机制亟待完善，无法满足人员管控、队伍管理的实际需求，有较大的提升空间。

3. 生产装备不全

目前，省内机械化施工等先进技术手段的普及程度已大幅提高，但部分产业施工单位仍存在投入、装备不足等问题，难以适应当前的施工作业模式。设计单位所需的仿真计算软件、勘察设备等投入不足，与一流设计单位在软硬件方面差距较大，制约了设计质量和效率的提升。

二、工作目标

通过产业单位设计及施工能力提升三年行动计划的实施，打造5家及以上A级设计施工企业，全省产业单位提升为B级及以上，引导产业单位落地应用机械化施工、绿色化建造、数字化转型等先进技术手段，不断提高自身的承载力和管理水平，实现向现代化设计施工企业的迭代升级。

三、公司各级工作职责

1. 省公司层面

公司建设部作为专业管理部门，协同产业发展部，结合各地区年度建设任务的实际情况，根据国家法律法规及公司管理制度，加强对市（州）公司建管项目的管理，指导产业单位提升施工力量、提高设计能力。建立产业单位设计、施工评价管理体系，按照季度组织产业单位开展设计能力分析和施工能力分析，将评价结果应用于招投标。公司产业发展部结合本指导意见督促各产业单位进一步优化体制机制，强化重点领域管控，配合建设部落实“同质化”管理要求，确保各项举措的有效落地。

2. 市（州）公司层面

省经研院支撑公司建设部建立完善的评价体系，充分引导设计竞争，指导设计企业全面提升设计质量；建设部（项目管理中心）综合考虑年内工作任务和产业单位的承载力，均衡安排，合理调配，避免年度任务“前轻后重”、项目建设“前松后紧”，确保项目均衡开工、有序投产。督促产业单位不断夯实安全质量管理基础；指导施工单位开展机械化施工、模块化建设、智慧工地建设，提升项目管理的质效；指导设计单位加快提升核心竞争力，加快解决专业配置不合理、薪酬机制不健全、软硬件设备落后等情况；市（州）公司经研所综合本区域特点，建立健全辅助评审体系，不断优化设计方案。

3. 产业单位层面

厘清公司内部工作职责，促进县级公司施工管理力量的提升。建立与项目安全、质量、成本、进度、创新、结算管理成效挂钩的绩效分配体系。主动适应改革转型及技术革新，组建人员稳定的专业化自有班组，推行机械化施工“流水线”作业，推广应用智能感知设备，建立智慧工地。配齐配强各级管理队伍、施工队伍和施工装备，严格开展分包队伍的准入、培育和评价。强化区域交流、管理培训和技能实训，持续提升管理和技能水平。健全设计质量内部管理体系，提升设计人员素质，打造优秀的设计团队。配备先进的勘察装备，运用先进的管理手段，持续提升设计质量。

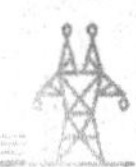

四、重点工作举措

（一）有效提升队伍能力

1. 补齐关键岗位人员

（1）优化产业单位管理结构。产业单位层面应组建对市、县级分公司所承接的项目进行安全、质量、技术、技经统筹管理的部门并配备专业管理人员，推动智慧工地建设和设计方案深化、优化，提升施工及设计管理水平，实现县级分公司施工管理“同质化”。

（2）健全项目管理团队。梳理各产业单位项目管理、设计管理团队人员配置情况，结合年内施工、设计项目实施计划，通过内部转岗、新进大学生培育和社会招聘等方式，补齐关键岗位人员缺口。

2. 提升管理人员素质

（1）加强项目人员持证管理。梳理市（州）公司、产业单位人员持证情况，鼓励持证人员从事项目管理工作，推行勘察设计注册师签审设计图，合理推行持证津贴制，提高项目管理人员的持证数量。

（2）树立技术专家标杆。组织开展产业单位优秀设计专家遴选，开展设计“专业带头人”、国网湖南电力输变电勘察设计大师评选等活动。建立完善的专家库和人才培养体系，引导各级各类专家积极参与标准化建设、技术标准编制，以及新技术研究、科研创新、复杂技术问题研讨等活动，促进专家履职和技术支撑能力的提升。

3. 培育后备骨干力量

（1）注重新进员工培训。各市（州）公司要重视产业施工单位对新进员工的培养作用，每年应安排20%～25%新进员工到施工一线进行锻炼，提高其基建管理专业技能。

（2）畅通人员晋升通道。建设部联合人资部制定管理人员成才方案或职员专家培养方案，公司四级管理人员应优先选用具备一线管理经验的优秀管理人才。

（3）强化项目经理培育。重视施工项目经理的关键作用，优选项目管理优秀人才进行培养，建立后备施工项目经理库，并在福利待遇等方面予以倾斜。

(4) 推广设计单位、设计人员画像。全面总结 2022 年以来依托“e 基建”设计队伍数字化管理创新试点成果，全面管控设计人员、设计项目，全过程掌握设计评审质量、设计工代服务质量、设计项目后评价等情况，建立设计单位、设计人员精准画像，为打造设计专家团队、开展评先评优、促进优胜劣汰打下基础。

（二）优化管理机制

1. 健全激励考核机制

市（州）公司要指导产业单位建立健全项目管理激励考核机制，分阶段制定项目管理目标，将各项目部、各级岗位人员的工作完成情况和薪酬有效挂钩，有效提高员工工作的积极性。结合本指导意见和产业发展部“同质化”管理要求进行综合考评，对于执行力不足、评价考核连续 3 次排名靠后的县级公司、项目管理团队等进行考核问责，采取停标或绩效降级处理。

2. 完善分包管理机制

(1) 加强“自有 + 核心”队伍建设。产业施工单位要逐步加强自有队伍建设，至少保证有 3 支自有人员施工队伍（线路、变电、调试各 1 支）。根据年度任务和计划，依托核心分包队伍补充电缆、线路、土建、电气安装分包队伍。

(2) 做精做优分包队伍。从分包队伍业绩、资质等级、管理人员资格、技术装备等方面入手，评估分包队伍的实际承载能力，结合分包队伍工程实体任务完成情况和各级单位整体评价，建立分包队伍等级评价机制和末位淘汰机制，逐步压降核心分包队伍数量，通过三年提升行动计划，形成几支真正“能打仗、会打仗、善打仗”的核心分包队伍。

(3) 加强施工分包管控力度。强化核心分包队伍培育管控，严格执行分包队伍及人员“安全双准入”和“两牌两单”要求。

3. 完善项目管理机制

(1) 强化本质安全管理。将是否发生七级及以上安全事件和是否发生被公司及以上单位查出的严重违章作为施工企业等级评选的关键扣分项。强化施工方案管理和作业计划管控，并将管控情况纳入评级评价。强化风险及隐患管控，抓实源头风险压降，完善管理、设计、施工风险压降措施。强化隐患排查整治和风险值班管控，打造事前预防的安全管理模式。

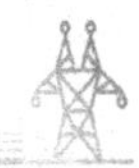

(2) 强化质量管理提升。将是否发生七级及以上质量事件、重大设计责任变更和未通过公司达标投产复验收作为设计、施工企业等级评选的关键扣分项。将获评国网和公司级“两标一优”评选(标杆工地、标杆工程、优质工程)金、银奖作为施工企业等级评选的加分项，其中，将获得公司级优质工程金奖作为A类施工企业评选的前提条件。强化标准工艺应用，深化变电站模块化建设，逐步实现“工厂化预制、装配式施工”，提升变电土建工程质量工艺水平。

(三) 保障装备投入

1. 加强机械化施工投入

鼓励产业单位加大施工机械化装备购置投入，将电建钻机、落地摇臂抱杆、数控钢筋笼滚焊机等机械化施工设备的配备情况纳入施工单位评价体系。鼓励施工单位提高项目机械化施工的应用率，并逐步建成1～2支自有机械化施工队伍。实现机械化施工应用尽用的目标(原则上应用率高山峻岭大于30%，山地大于60%，丘陵平原大于95%)，提升现场施工的质效。

2. 加强设计技术提升

加强勘测装备配置，重点补充岩土勘察设备、测绘无人机、GPS测量等设备，逐步补齐勘察核心专业短板，推动勘察分包(联合体)向自主作业模式转变。加强设计工具配置，重点补齐设计质量管控、三维设计、仿真计算和二次逻辑设计等专业软件、系统。加大公司“云设计”平台应用力度，逐步提高设计深度和智能化水平，推动设计向数智化升级。

(四) 鼓励创新提升

1. 推动管理模式创新

以“同质化”管理为着眼点，逐步梳理现有管理模式和管理习惯的漏洞，转变思路，主动学习送变电公司和外省产业单位的先进管理模式，如“人才培养”“绩效考核”等，促进产业单位管理水平不断提高。

2. 应用技术创新成果

全面深化感知层建设，从“改造完善、重点研发、探索研发”三个层面，推进感知层设备的开发应用，提升主动式安全管控能力。落实环水保“先控后治”工作要求，试点应用快速固土复绿等生态修复新技术，加大低噪音风机、可移动噪声连续监测装置等的应用推广，打造绿色建造环水保试点项目。

（五）开展考核评价

1. 建立产业单位能力评级制（详见附表1、2）

省公司建设部、产业发展部综合各市（州）产业单位的施工资质及资信评价、体系运转和制度建设、人才队伍规模质量、机械设备保有量、安全质量管理水平（设计从资质资信、人员配置、工作业绩、设计质量、软硬件设备、设计创优）6个维度的具体情况进行考核评价，根据评价结果将各产业单位的建设能力细分为A、B、C、D四类。原则上A类可从事500千伏及以下的线路、变电、电缆、改扩建等项目建设（设计）；B类可从事220千伏及以下线路、变电、电缆、改扩建等项目建设（设计）；C类可从事110千伏及以下线路、变电、电缆、改扩建等项目建设（设计）；D类为限制施工（设计）单位，仅可从事部分35千伏及以下线路、变电、电缆、改扩建等项目建设（设计）。

2. 严格落实末位考核制

省公司建设部、产业发展部逐季对产业单位进行评级排名，对于评级靠后，且存在管理不力、承载力不足等问题的产业单位，由评级靠前的产业单位派驻帮扶；对于连续三次考核评价排名末位的单位予以停标处理，并在年度同业对标和企业负责人业绩考核中予以扣分。

五、工作要求

（一）强化组织领导

各单位要深刻认识到产业单位建设能力提升的重要意义，加强组织领导。按照本指导意见相关要求，结合本地区电网建设任务和产业单位现阶段的实际情况，制定方案，细化目标，明确任务，责任到人，确保各项保障措施落实到位，全力实现工作目标。

（二）强化过程管控

各单位要定期组织召开专项工作推进会，分析制约因素，研究解决办

法。省公司定期组织工作开展情况检查考核，及时通报阶段性成果，交流推广经验，持续深入推动产业单位能力提升。

附表：

1. 产业单位设计能力评价表（满分 100 分）
2. 产业单位建设能力评价表（基础分 100 分、加分项 20 分）

附表 1

产业单位设计能力评价表（满分 100 分）

序号	评价项目	评分标准	检查方法	满分	备注
1	资质评价	1. 设计资质：甲级资质得 4 分、乙级及以下资质得 2 分。 2. 勘测（岩土、测量）资质：甲级资质得 3 分、乙级及以下资质得 1 分。 3. 咨询资质：甲级资质得 3 分、乙级及以下资质得 1 分	基建全过程综合数字化管理平台（全量取数）	10	
2	工作业绩（近 3 年）	1. 具有系统内 220 千伏及以上新建输变电工程设计业绩，5 项及以上 15 分，3～5 项 13 分，1～3 项 11 分。 2. 具有系统内 35～220 千伏及以上新建输变电工程设计业绩，5 项及以上 11 分，3～5 项 9 分，1～3 项 7 分。 以上得分取高值，不累加		15	
3	技术力量	1. 获得国家勘察设计注册设计工程师资格的每证加 1 分。 2. 正高级职称每人加 1 分，副高级职称每人加 0.5 分。 3. 入选国网、省公司基建专业专家骨干人才的分别加 1 分、0.5 分。 4. 获评国网湖南电力基建设计大师、先进个人、专业带头人等称号的加 1 分		20	
4	质量得分	以“基建平台－设计队伍”查询为准： 质量得分 = 初步设计评审平均评分 × 15% + 施设评审平均评分 × 15% － 负面清单扣分（近 1 年）		30	

序号	评价项目	评分标准	检查方法	满分	备注
5	软硬件设备	1. GPS 测量设备 0.2 分每套，无人机 0.5 分每套，勘探设备 0.5 分每套（手动不算），没有设备不计分。 2. 设计管理平台计 2 分，没有不计分；大型专业设计平台（如变电设计平台、线路设计平台等）每类计 2 分，没有不计分；各专业计算软件每类计 1 分	查采购合同、设备台账	15	
6	设计创优	1. 获全国优秀工程勘察设计金质奖每项得 8 分，银质奖每项得 7 分（项目获国网优质工程减半加分）。 2. 获省部级（含行业）、公司级优秀工程勘察设计奖，一等奖每项得 6 分，二等奖每项得 5 分，三等奖每项得 4 分（省公司级优质工程减半加分）。 3. 获公司设计竞赛优胜奖得 8 分，一等奖得 7 分，二等奖得 6 分，三等奖得 5 分（省公司级优质工程减半加分）。 4. 获省部级（含行业）、公司级科技进步奖一等奖每项得 5 分，二等奖得 4 分，三等奖得 3 分	原件佐证	10	

附表2

产业单位建设能力评价表（基础分100分、加分项20分）

序号	评价项目	评分标准	检查方法	满分	备注
1	资信评价	具有电力工程施工总承包资质一级得5分，二级得4分，三级得3分。 具有输变电工程专业承包资质一级得4分，二级得3分，三级得2分。 具有承装承修承试电力设施许可证：承装一级得1.5分，二级得1分，三级得0.5分；承修、承试以此类推。 行政处罚情况：一年内受到省部级行政主管部门处罚的扣10分，受到市（州）级行政主管部门处罚的扣5分	监管系统查询	10	实行加分制，以最高资质为准，满分10分
2	项目部组建能力	1. 产业单位人才当量密度得分=人才当量密度×3分（综合考核注册建造师、造价师、安全员、质量员、电气工程师等人员资格数量）。 2. 施工项目经理得分=A类项目经理数×1.2分+B类项目经理数×1分+C类项目经理数×0.8分。 3. 项目部超承载力扣分=（最大组建项目部数量－同期承接项目数量）×3分 （最大组建项目部数量：按照人证匹配及项目部人员配置原则，组建1个项目部得1分；同期承接项目数量：在建110千伏主网输变电工程每项按1分，业扩按0.5分计；220千伏主网输变电工程每项按1.5分，业扩按1分计；不统计35千伏在建施工项目）	人资管理系统查询	15	实行加分制，满分15分

续上表

序号	评价项目	评分标准	检查方法	满分	备注
3	自有班组建设	应至少分别设置输电线路、机械化施工、变电安装、变电调试四个自有专业班组，每缺少1个扣2分，满分5分。 自有班组中核心技术自有人员占比达到50%以上，得10分；占比30%～50%，得5分；占比30%以下得3分。 有配套从事机械化作业、变电安装调试的自有人员取证的按0.2分/人加分。 自有班组参与分部（分项）工程总工作量60%以上作为一个自主施工项目，检查周期内每一个自主施工项目加1分（含线路基础开挖、组塔、架线、变电安装、变电调试等），最多加5分	人资系统查询、现场检查、抽查工作票等	20	实行加分制，满分20分
4	核心分包队伍培育	1. 压减核心分包队伍数量（5分）：是否与1～2支组塔架线分包队伍、2～3支变电土建和电气安装分包队伍形成长期合作模式，分包队伍激励约束机制是否健全。数量压减得2分；机制健全得3分（大型集体企业根据工程建设任务可适当增加）。 2. 公司化运作（5分）：设置长期固定的办公场地，具有设施齐全、功能完善的办公室、会议室、仓库、员工宿舍及食堂等，缺少具体功能项或成效不佳，扣1分/项，满分5分。 3. 组织机构健全（5分）：设立综合室、工程部、安质部、	驻地及现场查看、智慧管理系统查询	20	实行分项加分制，满分20分

续上表

序号	评价项目	评分标准	检查方法	满分	备注
4	核心分包队伍培育	财务部、物资部等部门及相应的工程班组，管理制度及流程完善，缺少职能部门或独立工程班组，扣1分/项。 4. 人员配置到位（5分）：配置项目经理、安全员、质量员、技术员、概预算员、作业负责人、合同管理员及财务管理人员等，核心技术人员相对固定，着装统一。并已签订劳动合同，建立社保关系，缺少具体岗位人员或未建立社保，扣1分/项	驻地及现场查看、智慧管理系统查询	20	实行分项加分制，满分20分
5	安全管理	1. 检查周期内发生七级及以上安全事件，本项不得分，发生八级安全事件扣5分。发生被省公司及以上查处的Ⅰ类严重违章扣4分/项，Ⅱ类严重违章扣2分/项，Ⅲ类严重违章扣1分/项，一般违章扣0.5分/项。 2. 施工方案管理：施工作业方案无验算结果、超危工程未经专家论证、交底不到位、执行“两张皮”、审批变更不规范等，扣1分/次。 3. 作业计划管控：周期内作业计划发布执行率高于80%不扣分，70%～80%扣1分，60%～70%扣2分，60%以下扣3分；临时作业计划率10%以下不扣分，10%～20%扣1分，20%以上扣2分	安全风险管控平台、相关专业通报、施工现场	10	实行扣分制，满分10分
6	质量管控	发生七级及以上施工责任引起的质量事件扣10分，发生八级质量事件扣5分。 未通过省公司组织的达标投产复验收，扣10分/项	查阅相关文件	10	实行扣分制；满分10分

续上表

序号	评价项目	评分标准	检查方法	满分	备注
7	施工装备配置	1. 满足机械化作业、安装调试要求的大型施工装备，如电建钻机、数控钢筋笼滚焊机、窄轨履带自卸运输车、履带式电建起重机、汽车起重机、落地摇臂抱杆、8旋翼无人机、智能集控牵张设备、局放感应耐压及串联谐振装置、真空滤油机、真空抽气机组、轮式直臂式斗臂车、履带式蜘蛛腿作业车、预制件安装车等，得0.4分/台。 2. 满足机械化作业、安装调试要求的中型施工装备及仪器仪表，如路基箱20块、履带式罐式运输车、微型履带运输车、洒水清扫车、机动牵引机、机动张力机、抽真空装置、四合一弯排机、电动弯管机、叉车、数字式绝缘摇表、倍频感应耐压试验装置、变压器低电压短路阻抗测试仪、变压器有载分接开关参数测试仪、变压器空负载特性测试仪、变压器直流电阻测试仪、互感器综合测试仪、三相保护校验仪、接地网接地阻抗测试仪、断路器动作特性测试仪、变压器变比测试仪、回路电阻测试仪、超声波局放测试仪、SF6密度继电器全自动校验仪、SF6气体综合测试仪、SF6定性检漏仪、直流高压发生器、交直流高压测量系统等，得0.2分/台	查采购合同、设备台账、出入库记录等	15	实行加分制，满分15分

续上表

序号	评价项目	评分标准	检查方法	满分	备注
8	重点工作推进	1. 机械化施工成效（5 分）：周期内投产项目按照总量统计，机械化施工应用率大于 90% 加 5 分，80%～90% 加 2 分，70%～80% 加 1 分，70% 以下不加分。 2. 智慧工地建设（5 分）：参照建设部季度基建安全质量考核通报。 3. 环水保工作开展（5 分）：投产项目周期内环水保验收一次性通过加 5 分，投产项目环水保验收不通过不加分。 4. 上年度质量管理获奖（5 分）：获得省公司优质工程银奖加 1 分/项，金奖加 3 分/项；获得国网公司优质工程银奖加 4 分/项，金奖加 5 分/项		20	根据实际情况加分，按照小项统计，最高 20 分
施工单位 A、B、C、D 评级分别应达 90 分、75 分、60 分、60 分以下					

国网湖南省电力有限公司
关于印发电网建设研究创新中心工作方案的通知

为深入贯彻国网公司基建"六精四化"战略思路，加快推动现代建设管理体系落地见效，经研究，决定成立公司电网建设研究创新中心，现将工作方案通知如下。

一、组织机构

电网建设研究创新中心以经研院为依托单位，建设公司、电科院和送变电公司为主要成员单位，各市（州）供电公司等单位共同参与。为加强统筹管理，公司成立电网建设研究创新领导小组，下设工作组和专家委员会。

（一）领导小组

组长：谭军武。

副组长：颜宏文、姚震宇。

成员：周年光、唐信、周卫华、章建平。

主要职责：引领并指导电网建设相关政策研究、技术和管理创新，部署重点工作，协调主要问题。

（二）工作组

组长：姚震宇。

副组长：张恒武、徐畅、蔡纲、李容嵩、刘海峰、曾晓。

成员：由建设部有关处室负责人和经研院、建设公司、电科院、送变电公司相关内设机构负责人组成。

主要职责：贯彻落实领导小组决策部署，督导各单位和研究团队工作进展；制定并发布创新研究任务，对研究成果进行审查和宣贯；审核并批准研究团队牵头人调整申请，对团队工作成效进行考核评价。

（三）专家委员会

以经研院、建设公司、电科院和送变电公司为主要成员单位，各市（州）供电公司等为支撑单位，成立电网建设研究创新专家委员会。专家委员会主要包括管理创新研究、技术创新研究、技术经济研究、水土保持研究、本质安全研究、自然资源政策研究、建设环境保障政策研究、环境保护研究、施工创新研究等9个专业柔性团队。

二、职责分工

（一）建设部

负责电网建设研究创新工作的整体规划，对各单位研究创新工作开展情况进行指导和监督；负责研究任务的发布和研究成果的发布、应用与宣贯。

（二）经研院

牵头组建电网建设研究创新专家委员会，设立专家委员会办公室，负责专家委员会的日常管理和事务性工作。选派人员担任管理创新研究、技术创新研究、技术经济研究、水土保持研究及本质安全研究5个柔性团队的首席研究专家，牵头开展相应研究工作。

（三）建设公司

选派人员担任自然资源政策研究及建设环境保障政策研究2个柔性团队的首席研究专家，牵头开展相应研究工作。参与基建全过程管理创新、本质安全研究、技术经济分析等工作。收集反馈电网建设管理存在的问题，并提出工作建议。

（四）电科院

选派人员担任环境保护研究柔性团队的首席研究专家，牵头开展相应研究工作。参与水土保持研究等工作。

（五）送变电公司

选派人员担任施工创新研究柔性团队的首席研究专家，牵头开展相应研究工作。参与基建全过程管理创新、技术创新、本质安全研究、环境保护研究、建设环境保障政策研究等工作。收集反馈电网建设施工存在的问题，并提出工作建议。

（六）市（州）供电公司等单位

鼓励并推荐优秀人才加入研究创新团队。收集反馈电网建设全过程存在的问题，提出工作建议。参与研究成果的讨论、审查，并在本单位进行宣贯、应用。

三、工作机制

（一）问题收集

建立问题定期收集机制。建设公司、送变电公司、各市（州）供电公司等单位明确联络人，动态收集所在单位且影响主电网建设的典型问题，并于每月最后一个工作日前上报经研院。

（二）任务制定

经研院负责汇总各单位反馈的问题和需求，结合国家、行业以及国网公司最新动态，针对性编制研究课题和研究计划，经建设部审查后，按专业下达至各专业研究柔性团队。

（三）成果发布及应用

经研院负责组织对各柔性团队的研究成果进行初审，修改完善后报建设部审查；建设部以季报的形式发布研究创新中心最新研究成果，并以培训、座谈等方式推动成果的落地应用。

四、专家委员会管理

（一）建立专家库

按照每个柔性团队不超 10 人的原则控制专家数量，团队牵头人（即首席研究专家）由主要成员单位择优选派，并经建设部批准，其他专家的资质由团队牵头人审核、确认。未入选首批研究专家的人员，则作为相关专业研究团队的后备专家。建设部给正式入库的专家颁发聘书。电网建设研究创新专家委员会成员管理办法见附件。

（二）专家评价与考核

经研院配合建设部对研究专家开展动态评价和考核，对各团队工作开展情况进行量化评分，评价结果与团队牵头人所在单位的企负指标挂钩；对年度评价不达标的专家予以清退，而表现优秀、成果突出的柔性团队和专家将优先纳入省公司年度基建先进备选。

附件：电网建设研究创新专家委员会成员管理办法（试行）

附件

电网建设研究创新专家委员会
成员管理办法（试行）

为深入开展电网基建政策、管理及技术研究创新，规范国网湖南电力电网建设研究创新中心管理运作，强化研究专家管理，制定本办法。

一、专家入库

（一）入库原则

各专业柔性团队专家入库遵循个人申报、组织推荐、工作小组审核的原则。根据个人业绩和申报情况，入库专家分为首席、一级、二级、三级四个等级。

（二）必备条件

（1）拥护党的领导，自觉践行社会主义核心价值观，认同公司价值理念，有强烈的事业心和责任感。品行端正，创新意识强，近三年内无违规、违纪行为，未发生负直接责任的安全生产事故，无重大失误或造成不良影响。

（2）具有大学本科及以上学历和中级及以上职称，或者业务能力符合以下条件之一：

①在主网工程建管、设计、施工、技术研究等工作中，作为专项负责人或主要参与人员获得表彰或业绩突出。

②作为专项负责人或主要工作人员，参与的项目获得市公司及以上奖项。

二、专家分级

（一）首席专家

同时满足下列条件 3 项及以上：

(1）具备本专业副高级及以上职称。

(2）获得过省级、省公司级及以上个人荣誉，或具有省公司级及以上人才称号。

(3）作为主要人员（项目经理、执行经理或总工，下同），参与3项以上500千伏电压等级电网项目管理。

(4）参与过省公司及以上层面技术方案、管理制度、改革方案等的制定（修订），或参与3个及以上省公司科技创新、管理创新和群众性创新项目研究。

(5）本专业相关创新工作成果中，授权发明、实用新型、外观设计专利2项（排名第1)；或以第一作者在国内外专业核心期刊发表本专业技术领域相关学术论文2篇及以上；或作为第一负责人研究取得的知识产权，获得专利许可收益；或在行业级标准委员会担任委员。

（二）一级专家

同时满足下列条件3项及以上：

(1）具备本专业副高级及以上职称。

(2）获得过地市公司级、县处级及以上个人荣誉或具有地市公司级及以上人才称号。

(3）作为主要人员参与500千伏及以上电网基建项目管理，或参与过3项220千伏及以上电网基建项目。

(4）参与过地市公司及以上层面技术方案、管理制度、改革方案等的制定（修订)，或参与过地市公司科技创新、管理创新和群众性创新项目研究。

(5）本专业相关创新工作成果中，授权发明、实用新型、外观设计专利1项（排名前2)；或在国内外专业核心期刊发表本专业技术领域相关学术论文1篇（排名前2)。

（三）二级专家

同时满足下列条件3项及以上：

(1）具备本专业副高级及以上职称。

(2）获得过地市公司级及以上个人荣誉。

(3）作为主要人员参与220千伏及以上电网基建项目管理3项及

以上。

（4）参与过地市公司及以上层面技术方案、改革方案等的制定（修订）。

（5）本专业相关创新工作成果中，授权发明、实用新型、外观设计专利1项（排名前3）；或以第一作者在电力类省级及以上学术期刊上发表相关专业学术论文（排名前3）。

（四）三级专家

同时满足下列条件3项及以上：

（1）具备本专业中级及以上职称。

（2）获得过地市公司级及以上个人荣誉。

（3）作为主要人员参与220千伏及以上电网基建项目管理。

（4）参与过地市公司及以上层面技术方案、改革方案等的制定（修订）。

（5）本专业相关创新工作成果中，授权发明、实用新型、外观设计专利1项（排名前3）；或在电力类省级及以上学术期刊上发表相关专业学术论文（排名前3）。

三、聘任流程

（一）个人申报

申报人员按要求如实填报个人信息和拟申报的专家等级，同步提交相关佐证材料。

（二）资格审查

由申报人员所在单位组织初审，并将初审结果（即推荐人选）和申报材料报经研院；经研院组织对推荐人选开展复审，经研究创新中心工作小组核准后确定年度聘任专家和等级。

（三）公司聘任

建设部每年一季度公布年度专家名单，颁发聘任证书，并注明专家所在团队和聘任等级。

四、激励考核

分层级、按年度对各研究专家和柔性团队的工作成效进行考核评价。经研院负责配合建设部对柔性团队的工作成效开展评价，团队成员的考评由团队牵头人组织并具体负责，结果经领导小组、工作小组审核后公布。

（一）激励措施

（1）按照《国网人资部关于加强柔性团队建设管理工作的通知》（人资绩〔2020〕38号）文件精神，研究专家的工作成效与员工薪档调整、人才选拔、岗位晋升、培训发展等关联挂钩，对于表现特别突出的，优先推荐聘任更高层级岗位、职务和职员职级。

（2）表现优秀、成果突出的柔性团队和专家，优先参与公司年度基建先进集体和先进个人评选。

（二）专家考核

1. 考核方式

专家个人考核指标满分100分，并设加减分：

（1）无故缺席月、季度例会且未按规定程序履行请假手续的，扣罚专家2分/人·次。月出勤率低于80%，扣罚专家2分/人·次；月出勤率为100%，奖励专家2分/人·次。

（2）研究课题进度迟于计划时间节点5个工作日，扣罚专家2分/人·次；迟于计划时间节点10个工作日，扣罚专家5分/人·次。研究课题进度提前计划时间节点5个工作日，奖励专家2分/人·次；提前计划时间节点10个工作日，奖励专家5分/人·次。

（3）研究课题成果未达到计划指标，扣罚专家5分/人·次。研究课题成果获得省公司或省级及以上表彰，奖励专家5分/人·次。

（4）发生重大工作失误或造成不良影响的，扣罚专家10分/人·次。

2. 考评等级

考核结果分为优秀、良好、基本称职和不称职4个等级。其中，95分及以上为优秀，85～94分为良好，75～84分为基本称职，74分及以下

为不称职。

（三）专家等级晋级、解聘和续聘

1. 晋级

研究专家在连续两个聘期内考核结果均为优秀，经履行决策程序后可向更高级别专家晋升，经本人申请，可将聘期自动延长3年。

2. 续聘

聘期内评价结果为称职及以上，经本人申请，并履行相应层级单位决策程序后，期满后可续聘。

3. 解聘

出现下列情形之一的，解除聘任并取消相应待遇：

（1）弄虚作假或剽窃他人成果。

（2）违反党纪法规受到处分。

（3）年度考评为不称职。

（4）与所在单位解除劳动合同。

（5）工作岗位调整，且本人主动申请解聘。

国网湖南省电力有限公司
关于技经专业高质量发展工作方案

为深入贯彻落实国网公司基建管理“六精四化”工作要求和《国网湖南省电力有限公司关于优化非基建项目技经管理体系的指导意见》（湘电公司人资〔2021〕375号），适应公司电网持续高位投资、大规模建设形势，进一步强化技经专业队伍建设，全面支撑公司和电网高质量发展，制定本方案。

一、工作背景和现状

近年来，国家对电网投资、收入成本等监管更严格、透明，社会对电价的要素成本日趋关注，使得加强技经队伍和专业管理能力建设迫在眉睫。一是顺应了公司外部形势发展的时代需求。随着新型能源革命、“双碳”目标、电力市场化改革等工作的推进，新型电力系统建设力度持续加大，严峻的外部形势对电网工程造价管理提出了更高的要求。二是响应了公司内部经营管理的现实需求。“十四五”期间，电网投资整体规模将持续处于高位，公司内部经营管理目标要求更加注重投入产出效率，需要实施更精准、更高效、更高质量的造价管控，以支撑公司整体经营战略。三是技经专业存在诸多短板，无法适应公司现代建设管理体系的要求。大部分单位仍然存在人岗不匹配、人员配置不到位、成长通道不畅等问题，专家及领军人才匮乏，技经专业全方位支撑安全、质量、进度、技术等专业不够，“前期靠设计、过程靠施工、结算靠外委”现象普遍，“钱不够用、钱不好用、钱用不好”等问题突出，虚列套取、多计列工程量、计列标准不统一等问题在内外部审计巡查中重复暴露。2021年，公司主要领导批示：“制订一套可行的加强技经管理的操作办法，重点解决技改大修、营销、信息建设方面技经管理弱化的问题。关口前移，把好资金出口关。”

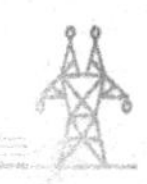

二、总体思路

通过构建一个管理体系、培养一支专家队伍、做强一个支撑平台，实现项目“全专业、全过程、全要素”流程规范、标准统一、精准控制、管理闭环，推动技经专业高质量发展。

（1）构建一个管理体系。抓准技经专业服务性、经营性、合规性定位，强化建设部归口管理、业务部门专业负责、经研院（所）专业支撑的管控体系，实现项目建设管理、控本增效、依法合规、廉政建设等目标。

（2）培养一支专家队伍。建立专家培养激励机制，通过专项培优、课题研究、科技攻关等形式，培养一支“高、精、尖”技经专家队伍，激活技经人才专业潜能和内在动力。

（3）做强一个支撑平台。做强省经研院、湖南省电力建设定额站（以下简称“省定额站”）支撑平台，配优配齐专职人员，强化支撑能力建设，切实履行职责，发挥支撑作用。

三、工作目标

紧紧围绕公司经营管理“提质增效”和造价管理“精准管控”的总体要求，落实技经人员到岗到位，通过加强人员准入管理，强化技经专业培训，用2～3年时间，全力培养一支梯队建设科学、满足专业发展需求的技经专业队伍，提升全口径项目技经专业管理水平，服务各专业项目建设，有力保障资金安全，提升投资效益，助力公司和电网高质量发展。

（一）管理体系方面

（1）2024年，加快建设责任界面清晰、岗位配置合理的技经管理体系，基建及非基建专业人员（含专、兼职）配置率达到80%；专业管理达到四个80%：基建（含主网、配网）、大修技改（规模以上）、小型基建等项目初步设计概算审批规范率80%、变更签证规范率80%、竣工结算高效完成率80%、造价资料规范率80%。

（2）2025年，全面建成责任界面清晰、岗位配置合理的技经管理体系，基建及非基建专业人员（含专、兼职）配置率达到100%；专业管理达到四个100%：基建（含主网、配网）、大修技改（规模以上）、小型基建等项目初步设计概算审批规范率100%、变更签证规范率100%、竣工结算高效完成率100%、造价资料规范率100%。

（二）队伍建设方面

（1）2024年，发挥省定额站平台作用，加快组织基建及非基建专业在岗人员（含专、兼职）的技经专业考试。其中，基建专业，省公司专责岗位注册造价师持证率达到80%，支撑机构注册造价师持证率达到40%，建设管理单位注册造价师持证率达到30%，培养技经专家5人及以上、资深技经专家3人及以上；非基建专业，专职岗位注册造价师持证率达到10%，培养技经专家3人及以上、资深技经专家1人及以上。

（2）2025年，基建及非基建专业在岗人员（含专、兼职）必须通过省定额站组织的技经专业考试。其中，基建专业，省公司专责岗位注册造价师持证率达到100%，支撑机构注册造价师持证率达到60%，建设管理单位注册造价师持证率达到50%，培养技经专家10人及以上、资深技经专家5人及以上；非基建专业，专职岗位注册造价师持证率达到25%，培养技经专家5人及以上、资深技经专家2人及以上。

（三）支撑平台方面

（1）2024年，围绕技经专业高质量发展目标，结合现代建设管理体系推进要求和各专业需求实际，制定各专业发展目标，加快调研和推进支撑平台建设。

（2）2025年，全面建成“专业型、创新型、数智型”的一流专业支撑平台。

四、工作举措

通过构建技经管理体系、强化技经队伍建设、做强专业支撑平台等15项举措，全力培养一支梯队建设科学、满足专业发展需求的技经专业队伍，推动技经专业管理水平提升，助力公司和电网高质量发展。

（一）构建技经管理体系

1. 明确责任管理界面

落实“四清管理”要求：技经专业自身职责要清、基建系统内部专业业务之间界面要清、相关专业部门管理职责分工界面要清、工程管理各个流程环节要清。

（1）省公司层面。公司建设部归口公司技经专业管理，主要负责落实国家、行业和国网公司技经标准，依托省定额站，牵头组织各专业部门建立并完善公司技经标准体系；负责牵头组织各专业部门开展技经管理培训；负责牵头组织各专业部门规范并完善项目技经管控流程；负责牵头组织各专业部门建立项目技经管理评价机制，制定项目技经管理评价标准；负责省定额站管理；负责公司主网工程（含独立二次）技经全过程管理、造价信息管理及项目技经管理评价。

公司设备、营销、调控、后勤、科数等部门负责本专业部门管理项目的技经全过程管理，明确专业工作责任人，负责概预算、设计变更、现场签证、项目结算以及项目造价后评估等工作；负责本专业部门造价信息管理、技经管理评价。

强化省经研院及省定额站对全口径项目技经管理的支撑作用，协助专业部门承担项目可研、概预算、结算审核、造价分析和研究等工作。

（2）市公司层面。市公司建设部归口本单位技经专业管理，负责公司主网工程（含独立二次）技经专业管理和项目技经过程管理；执行公司技经标准体系；负责牵头组织各专业部门规范执行项目技经管控流程；负责对各专业部门和所属县公司技经管理工作进行评价。

明确项目管理专业部门相关岗位技经管理职责，其中市公司建设部、配网部设置工程技经管理专责岗位（未成立配网部的市公司在运检部设置配网工程技经管理专责岗位），负责本专业技经专业部门管理；运检部大修技改专责、营销部项目管理专责、综合服务中心小型基建专责负责本专业技经专业部门管理和项目技经过程管理；调控中心、科网部明确项目归口管理岗位（可兼职），负责本专业技经专业管理和项目技经过程管理。

强化市公司经研所对非基建项目技经管理的支撑作用。市公司经研所定位为各专业部门技经管理支撑机构，负责支撑各专业部门项目全过程造价管理。充分发挥经研所的评审专业优势，进一步优化相关岗位设置，加强各专业技经人员配置，全面支撑各专业部门项目可研和概预算评审、过程造价管控、造价管理检查和监督评价。

（3）县公司层面。县公司配网项目管理中心负责技经归口管理，支撑各业务部门开展项目技经全过程管理；未设立配网项目管理中心的，由配网管理部负责技经归口管理。配网项目管理中心（配网管理部）负责配网工程技经管理的同时，支撑其他专业部门技经管理。其他专业部门项目技经过程管理由项目管理人员负责。

2. 完善费用计价标准

加强标准化建设，持续完善管理流程和计价标准，适时修编《输变电工程技经全过程标准化手册》、《非基建项目技经管理操作手册》、全口径项目计价指导意见、《湖南地区差异化标准参考价》等，保障全口径项目顺利实施。

3. 完善造价分析机制

构建各专业项目造价数据库，保障造价分析的精准性。建立并完善各专业项目造价统计分析机制，构建“横纵”造价分析体系，做好项目投资数据支持，开展广度与深度分析，为项目投资决策提供支撑。

4. 常态开展监督评价

建立监督评价机制（附件1），通过单位自查、专家复查等形式，按年度开展，由定额站对各建设管理单位、省经研院进行监督评价，评价结果纳入各单位企业负责人指标考核。

（二）强化技经队伍建设

1. 充实技经人员队伍

建设一支结构合理、素质优良的项目技经专业队伍。适当增加技术经济、工程概预算、土木工程等技经管理相关专业毕业生招聘名额，同时通过社会招聘直签成熟的技经人员。加大技经人员培养力度，将符合条件的电工类毕业生内部选聘至项目管理和技经管理岗位，力争到2025年实现技经岗位人员配齐配优目标。

2. 加强人员准入管理

强化人员履职能力，明确持证上岗为从业人员准入基本要求。公司各专业专职、兼职技经从业人员均应通过省定额站组织的技经专业考试，确保人岗匹配。同时将技经专业必需的基础知识、基本技能以及从业资格作

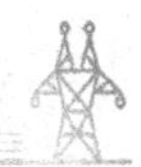

为项目管理岗位的任职条件，真正做到管项目必须懂技经、管项目必须管技经。

3. 强化全员技能培训

总结国网公司2023年基建技经专业“强基固本”考评竞赛活动成效，依托省定额站，大力开展技术技能竞赛。2024年，各专业（主网、配网、生产技改大修等）开展参建队伍（建管、设计、施工、咨询等）技能考评竞赛。2025年，开展全专业参建队伍（建管、设计、施工、咨询等）技能考评竞赛。引入中国电力企业联合会等外部专业培训力量，常态化开展理论培训、实操练兵，定期开展检查考评、总结交流，不断提升技经队伍专业核心业务能力。

4. 打造专家人才队伍

建立“能进能出、能上能下”的技经人才评价机制，制定技经人才评定、认定细则（附件2），梯队设置业务型人才、复合型人才、专家型人才三类人才，定期组织开展评定、认定。各单位可制定各类形式的激励机制，鼓励技经人员参加各类资格考试、竞赛评选。

（三）做强专业支撑平台

1. 做实定额站管理职能

做实省定额站专业管理平台职能，充分发挥专业支撑作用，归口负责培训管理、人员准入管理、定额管理、专家评定（认定）等工作；配合各部门开展新建、改扩建、检修等工程的计价依据管理。省定额站办公室应增设相应专职岗位，强化对公司各专业的支撑能力。

2. 建立专业交流平台

依托省定额站，定期组织召开技经专业交流座谈会，总结工作成效，交流经验做法，分析问题形势，研讨工作建议，形成长效交流机制。省定额站常态化收集政策文件、典型经验、管理动态、专业论文，发行内部期刊，搭建交流平台，形成浓厚的技经专业氛围。

3. 搭建课题研究平台

总结2023年架空线路工程机械化施工、变电站模块化建设等五大柔性团队工作成效，依托省定额站组建各专业技经柔性团队，收集各专业技经课题研究需求，定期发布研究目录，高效开展科技攻关、管理创新、课题研究、标准修订，及时研究解决配网、大修技改、抽蓄等项目技经管理标准化问题，规范全口径项目技经管理工作流程。

（四）抓实业务过程管控

1. 严格项目概算编审

加强各专业项目概算编制和审批环节把控，明确项目概预算编制和审批人员资质要求，降低建贷利息，压降在途资金。规范项目概预算审批管理，项目管理部门组织并参与本专业项目概预算审批，避免“一包了事”和“以包代管”。要求概预算编审主体分离，避免“自编自审”。

2. 提升经营管理成效

推广应用分部结算，提升变更签证、结算及时性，提高入账效率，全面适应投资统计方式的转变。各专业项目参照主网工程项目，规范开展设计变更和现场签证管理。加强结算精准管理，切实开展工程量核查，防止高估冒算、跑冒滴漏，节约工程投资。

3. 加强依法合规管理

建立“造价管理重点提示清单”，强化底线、红线意识，把依法合规理念贯穿于概、预、结算等项目全过程造价管控，严格执行进城务工人员工资“五制”支付管理规定，聚焦管理不规范引发的违法违规问题，防范分包单位（商）拖欠进城务工人员工资引发舆情事件。

4. 创新专业数字化应用

应用大数据、智能化、信息化等技术，各专业完善技经专业管理流程线上化建设，加快打造电网工程智慧技经云应用，按照“成熟一个，应用一个”的思路，逐步推进全口径项目技经评审业务线上化，通过造价大数据有力支撑公司各项技经决策。

五、工作要求

（一）加强组织领导，落实责任

各单位分管负责人要高度重视，强化部署，确保组织到位，增强管理穿透力。各单位要按照方案部署，将各项工作细化分解，并根据实际情况提出细化措施，切实保障技经管理工作提升效果。

（二）加强协同配合，有序推进

公司建设部牵头，各单位要全力配合，形成合力，在工作推进过程中要善于提炼总结成功经验，并上报公司进行交流推广。针对具体问题和实际困难，各单位相关负责人要深入调研、摸准症结、攻坚克难，确保顺利完成工作任务。各单位要严格对照工作方案，做好各项工作计划，确保工作有序推进。

（三）加强过程跟踪，持续改进

各专业部门要加大日常调研和倡导力度，持续开展电网项目技经管理提升工作的过程监督和跟踪评价；掌握基层单位的工作质效和困难诉求，及时为基层单位提供支持和指导。

附件：

1. 国网湖南省电力有限公司技经专业管理监督评价实施细则

2. 国网湖南省电力有限公司“业务型、复合型、专家型”三类技经人才评选方案

附件 1

国网湖南省电力有限公司技经专业管理监督评价实施细则

为贯彻落实公司“精准造价管控”的专业管理目标，实现对全专业、全过程、全要素的精准造价管控，制定本细则。

第一章　总体原则

第一条　评价目的。落实公司全口径项目技经专业管理责任，明晰相关单位职责，严格执行技经专业管理各项制度，完善监督评价机制，实现监督评价制度化、常态化，持续提升公司技经专业管理水平。

第二条　制定依据。依据国家电网有限公司关于技经专业管理有关文件要求，结合公司基建（含主、配网）、生产技改大修、小型基建、营销、数字化等专业类型工作实际，制定本细则（以下简称“监督评价细则”）。

第三条　评价对象。省公司专业管理部门对建设管理单位、省经研院进行监督评价。

第四条　适用范围。本细则适用于公司系统投资建设的各类项目技经专业管理。

第二章　职责分工

第五条　省公司专业管理部门职责。

建设部：牵头组织制定基建（含主、配网）、生产技改大修、小型基建、营销、数字化等专业监督评价细则，编制实施计划，组织开展监督检查工作，召开点评通报会议。

设备部：组织制定配网、生产技改大修专业技经管理监督评价细则，开展监督检查工作。

营销部：组织制定营销专业技经管理监督评价细则，开展监督检查工作。

后勤部：组织制定小型基建、生产辅助技改大修等专业技经管理监督评价细则，开展监督检查工作。

科数部：组织制定数字化专业技经管理监督评价细则，开展监督检查

工作。

调控中心：组织制定生产性技改大修（继电保护、通信、自动化类）专业技经管理监督评价细则，开展监督检查工作。

第六条　建设管理单位管理职责。

负责技经专业管理的日常工作，负责落实整改监督评价过程中发现的问题。

第七条　省经研院职责。

负责支撑公司全口径技经专业管理工作和本细则相关工作，配合监督检查。

第八条　省定额站职责。

支撑省公司专业管理部门制定监督评价细则、牵头组织监督检查工作。

第三章　监督实施

第九条　监督范围。监督评价内容为各单位技经队伍建设情况，以及1年内实施的项目技经专业管理成效，主要涵盖技经人员配置及资质评价、项目全过程造价管控、专业支撑工作、科研课题完成情况等。

第十条　监督周期。监督评价按年度开展，并保证一个年度内全面覆盖完成对各建设管理单位、省经研院的监督评价。

第十一条　监督形式。

（一）单位自查：各单位按照监督评价标准，对本单位技经专业管理情况进行自查。

（二）专家复查：由建设部组织、省定额站牵头成立监督评价专家组，按照监督评价标准和周期开展复查。

第十二条　评价计分。

监督评价计分分为总体评价计分、专业评价计分和加分项。计算公式如下：

（一）各单位监督评价得分 = 总体评价得分 + 专业评价得分 + 加分项。

（二）抽查的项目数量不低于当年符合条件项目数量的10%。

（三）加分项。获得省公司及以上技经专业竞赛、论文奖项，在技经专业管理质量和效率上取得显著成绩，入围公司技经专业典型经验等，视情况予以加分。

第十三条 评价结果。

公司建设部将各单位技经专业管理监督评价得分作为对各单位企业负责人绩效评价的依据。

第四章 点评通报

第十四条 公司建设部按年度开展公司技经专业管理监督评价点评会议，通报监督评价结果。

第十五条 提炼总结技经专业管理过程中的典型案例，对管理成效显著的典型案例积极推广应用，对负面典型案例则剖析影响技经专业管理的环节和因素，典型案例通报视技经专业管理工作的开展情况采取不定期通报。

附表：

1. 对建设管理单位技经专业管理工作监督评价表
2. 对省经研院技经专业管理工作监督评价表

附表 1

对建设管理单位技经专业管理工作监督评价表

序号	评价单位	责任单位	监督评价			评价得分
			评价指标	分值	检查标准	
一、总体评价方面（权重 40%）						
1	建设部	建设管理单位	技经人员配置	20	建设管理单位应全面落实公司定员定岗要求，确保建设部、项目管理中心技经专责人员配置到位，配网办技经专责人员配置到位。 1. 建设部未到岗扣 15 分，项目管理中心未到岗扣 10 分，配网办未到岗扣 10 分。 2. 技改大修、营销、小型基建、数字化、调控等非基建专业应配置兼职技经人员，未到岗按 2 分/人扣分	
2	建设部	建设管理单位	技经人员资质评价	20	应落实《国网湖南省电力有限公司关于技经专业高质量发展工作方案》要求，对技经人员资质开展评价： 1. 专（兼）职技经人员均应通过省定额站技经人员专业考试，未通过的按 1 分/人扣分，最高扣 5 分。 2. 基建专业一级注册造价师持证率应达到 50%，低于 50% 扣 2 分，低于 40% 扣 4 分，低于 30% 扣 5 分，最高扣 5 分。 3. 非基建专业一级注册造价师持证率应达到 25%，低于 25% 扣 2 分，低于 15% 扣 4 分，低于 10% 扣 5 分，最高扣 5 分	
二、专业评价方面（权重 60%）						
1	建设部	建设管理单位	主网专业造价管理	10	按时完成主网项目结算上报。结算上报不及时，扣 2 分/项。 良好：10～9 分；一般：8～6 分；差：5～0 分	

续上表

序号	评价单位	责任单位	监督评价			评价得分
			评价指标	分值	检查标准	
2	建设部	建设管理单位	主网专业造价管理	10	抓好主网项目全过程造价管控，涵盖初步设计概算、施工图预算、工程量清单及最高限价、分部结算、物资结算、竣工结算、设计变更、现场签证、合同管理、工程资金管理等环节。被各类检查、审计发现技经类问题，属于建设管理单位责任的，每项扣 2 分。 良好：10～9 分；一般：8～6 分；差：5～0 分	
3	建设部	建设管理单位		10	配合开展主网项目造价分析、造价检查等常规专项工作，因建设管理单位配合质量问题被通报的，每发生一起扣 2 分。 良好：10～9 分；一般：8～6 分；差：5～0 分	
4	建设部	建设管理单位	非基建专业造价管理	20	1. 保质保量按时完成非基建项目内审，未按要求完成内审上报省经研院评审的，每次扣 2 分。 2. 按时完成非基建项目结算办理，未及时办理的，每项扣 2 分。 3. 抓好非基建项目全过程造价管控，涵盖可研估算、概预算、结算、变更签证、合同管理、资金支付等环节。被各类检查、审计发现技经类问题，属于建设管理单位责任的，每项扣 2 分。 良好：20～16 分；一般：15～11 分；差：10～0 分	
5	建设部	建设管理单位		10	配合开展非基建项目造价分析、造价检查等常规专项工作，因建设管理单位配合质量问题被通报的，每发生一起扣 2 分。 良好：10～9 分；一般：8～6 分；差：5～0 分	

续上表

序号	评价单位	责任单位	监督评价			评价得分
			评价指标	分值	检查标准	
三、加分项						
1	建设部	建设管理单位	加分项		获得省公司及以上技经专业竞赛、论文奖项，在造价管理质量和效率上取得显著成绩，入围公司技经专业典型经验，视情况每项加0～5分，累计加分不超过30分	
小计				100		

附表2

对省经研院技经专业管理工作监督评价表

序号	评价单位	责任单位	监督评价			评价得分
			评价指标	分值	检查标准	
一、总体评价方面（权重40%）						
1	建设部	省经研院	技经人员配置	20	应全面落实公司定员定岗要求，确保人员配置到位。人员配置率低于70%扣15分，低于80%扣10分，低于90%扣5分	
2	建设部	省经研院	技经人员资质评价	10	应落实《国网湖南省电力有限公司关于技经专业高质量发展工作方案》要求，对技经人员资质开展评价： 1. 未全员通过省定额站技经人员专业考试的，按1分/人扣分，最高扣5分。 2. 一级注册造价师持证率应达到60%，低于60%扣2分，低于50%扣4分，低于40%扣5分，最高扣5分	
3	建设部	省经研院	定额站技经考试组织工作	10	牵头定额站办公室工作，组织全省技经人员专业考试。每年至少组织2批次技经人员考试，少开展1批次扣5分	

续上表

序号	评价单位	责任单位	监督评价			评价得分
			评价指标	分值	检查标准	
二、专业评价方面（权重60%）						
1	建设部	省经研院	主网专业造价管理	10	参与电网项目初步设计技经评审（或内审），配合国网评审项目的外审工作。对评审过程中发现的问题未及时上报导致后续无法整改，且涉及金额超过总投资5%的，每发生一起扣0.5分。 良好：10～9分；一般：8～6分；差：5～0分	
2	建设部	省经研院		10	每月向建设部上报评审总结及评审过程中存在的典型问题，积极提出解决办法和合理化建议。未及时上报的，每发生一次扣1分。 良好：10～9分；一般：8～6分；差：5～0分	
3	建设部	省经研院		10	结算审核不及时，扣5分/项（建设管理单位未按期上传结算、未按期提供结算审批表导致结算审核不及时的情况除外）。 良好：10～9分；一般：8～6分；差：5～0分	

续上表

序号	评价单位	责任单位	监督评价			评价得分
			评价指标	分值	检查标准	
4	建设部	省经研院	非基建专业造价管理	10	按计划完成非基建项目技经评审，按时保质保量完成。 1. 未按时完成非基建项目技经评审，被省公司专业管理部门通报的，每次扣2分。 2. 非基建项目被各类检查、审计发现问题，属技经评审责任的，每项扣2分。 良好：10～9分；一般：8～6分；差：5～0分	
5	建设部	省经研院		5	支撑省公司专业管理部门开展造价分析、造价检查等常规专项工作。对于未按期完成各项委托工作的，每发生一起扣2分。 良好：5分；一般：4～3分；差：2～0分	
6	建设部	省经研院	课题研究技术支撑	15	配合省公司专业管理部门开展课题研究等专项工作，以及管理创新及推广示范等。对于未按期完成各项委托工作的，每发生一起扣5分。 良好：15～10分；一般：10～5分；差：5～0分	
三、加分项						
1	建设部	省经研院	加分项		获得省公司及以上技经专业竞赛、论文奖项，在造价管理质量和效率上取得显著成绩，入围公司技经专业典型经验，视情况每项加0～5分，累计加分不超过30分	
小计				100		

附件2

国网湖南省电力有限公司
“业务型、复合型、专家型”三类技经人才评选方案

一、总体目标

开展技经专业职业发展体系建设，培养造就一支具有一定规模、立足基层实际、符合专业发展需要的“高、精、尖”技经人才队伍，助力公司“精准造价管控”的专业管理目标，实现对全专业、全过程、全要素的精准造价管控。

二、职责分工

为保障公司技经专业队伍建设工作有效实施，公司成立技经专业队伍建设领导小组，公司分管领导任组长，建设部负责人、人资部负责人任副组长，其他成员由建设部、人资部相关人员组成。领导小组负责指导公司“业务型、复合型、专家型”三类技经人才的评选工作，统筹决策公司三类技经人才评选涉及的重大事项。具体职责分工如下：

（一）省公司人资部

将获评“资深技经专家”作为选聘省公司级技经专业一、二级领军专家的必备条件。

（二）省公司建设部

负责制定三类技经人才的评定条件、评选流程和考评方案。同时负责三类技经人才的归口管理。

（三）省公司定额站

负责三类技经人才的评选，授予专家人才评定证书，行文下发并报送建设部和人资部备案，开展专家人才年度考评，完善日常管理台账。

（四）地市公司级人力资源管理部门

将获评“一、二级技经专家”作为选聘地市公司级技经专业一、二级高级专家的必备条件。

（五）地市公司级专业管理部门

负责向建设部推荐三类技经人才人选。

三、评选范围

公司范围内从事基建（含主、配网）、生产技改大修、小型基建、营销、数字化等专业的技经人员（含专、兼职）。

四、评选管理

（一）层级划分

根据公司技经岗位从业人数，分为三类、五个层级评选专家人才，评选层级为业务型技经人才、复合型技经人才、二级技经专家、一级技经专家、资深技经专家。

（二）评选周期

公司在方案实施首年集中评选一次各层级技经专家人才。首年评定过后，每年集中组织一次评选。

（三）晋级管理

专家人才评定分为初次评定和晋级评定，初次评定后，达到相关条件后逐级晋级。

各级专家人才的晋级流程与初次评选流程一致。

各级专家人才晋级，除应满足拟晋级专家人才层级的初次评定必备条件和业绩条件外，还应担任本级专家人才满一定年限，具体年限要求如下：

（1）晋级资深技经专家的，需评定一级技经专家满 4 年。

（2）晋级一级技经专家的，需评定二级技经专家满 3 年。

（3）晋级二级技经专家的，需评定复合型技经人才满 2 年。

（4）晋级复合型技经人才的，需评定业务型技经人才满 1 年。

五、申报条件

申报条件包括必备条件和业绩条件。

（一）必备条件

从职业资格取证情况、职称等级、工作年限、绩效结果等维度设置评选必备条件。

（二）业绩条件

专家型技经人才业绩条件包含 5 个维度，申报人员应至少满足 3 个维度申报条件，每个维度符合其中 1 个条件即满足该维度申报条件。复合型技经人才包含 2 个业绩条件，业务型技经人才包含 1 个业绩条件，业绩条件均满足即可申报。

1. 资深技经专家

（1）参与制定国网公司技经专业标准 1 项及以上。或作为主要完成人制定已颁布实施的省公司级及以上技经专业制度、标准、体系、手册等 2 项及以上。或在技经专业相关创新工作成果中，授权发明专利 2 项。或作为主要完成人制定已颁布实施的省公司级及以上经营发展规划、经营改革方案等 2 项及以上。

（2）作为主要完成人参与完成省公司级及以上技经专业科研、管理、专业咨询课题、研究 2 项及以上，并推广应用。或在省内具有较强学术影响力，具有较强的科研攻关能力和团队组织管理能力，任职省公司级技经柔性团队主要负责人 2 年及以上。

（3）承担省公司级及以上本专业授课、培训教材编写、培训项目开发等工作，业绩突出。作为主教练指导学员参加省公司级及以上技经专业竞赛（比武）等，并获得团体或个人一等奖及以上奖励。

（4）作为主要完成人在技经专业科技创新、管理创新、青创赛获得省

公司级、地市（厅局）级以上表彰奖励。或获得过省公司级、地市（厅局）级技经专业个人荣誉或具有省公司级、地市（厅局）级技经专业人才称号。

（5）作为主要完成人出版技经专业相关专著1部及以上。或作为第一作者在国内外专业核心及以上期刊发表技经领域相关学术论文2篇。

2. 一级技经专家

（1）参与制定省公司技经专业标准2项及以上。或作为主要完成人制定已颁布实施的地市公司级及以上技经专业制度、标准、体系、手册等2项及以上。或在技经专业相关创新工作成果中，授权发明专利或实用新型专利2项。或作为主要完成人制定已颁布实施的地市公司级及以上经营发展规划、经营改革方案等2项及以上。

（2）作为主要完成人参与完成省公司级及以上技经专业科研、管理、专业咨询课题研究1项及以上，并推广应用。或作为主要完成人在技经专业工作中形成典型经验2项及以上，并推广应用。或在省内具有较强学术影响力，具有较强的科研攻关能力和团队组织管理能力，任职省公司级技经柔性团队主要负责人1年及以上。

（3）承担地市公司级及以上本专业授课、培训教材编写、培训项目开发等工作，业绩突出。或作为主教练指导学员参加省公司级及以上技经专业竞赛（比武）等，并获得团体或个人二等奖及以上奖励。

（4）作为主要完成人在技经专业科技创新、管理创新、青创赛、群众性创新、QC成果获得地市公司级、县处级以上表彰奖励。或获得过地市公司级、县处级技经专业个人荣誉或具有地市公司级、县处级技经专业人才称号。

（5）参与出版技经专业相关专著1部及以上。或作为第一作者在国内外专业核心及以上期刊发表技经领域相关学术论文1篇。或作为第一作者在正式刊物发表技经专业论文3篇及以上。

3. 二级技经专家

（1）参与制定省公司技经专业标准1项及以上。或作为主要完成人制定已颁布实施的地市公司级及以上技经专业制度、标准、体系、手册等1项及以上。或在技经专业相关创新工作成果中，授权发明专利或实用新型专利1项。或作为主要完成人制定已颁布实施的地市公司级及以上经营发展规划、经营改革方案等1项及以上。

(2) 作为主要完成人参与完成地市公司级及以上技经专业科研、管理、专业咨询课题研究1项及以上，并推广应用。或作为主要完成人在技经专业工作中形成典型经验1项及以上，并推广应用。或任职省公司级技经柔性团队主要成员1年及以上。

(3) 承担地市公司级及以上本专业授课、培训教材编写、培训项目开发等工作，业绩突出。或作为主教练指导学员参加省公司级及以上技经专业竞赛（比武）等，并获得团体或个人三等奖及以上奖励。

(4) 作为主要完成人在技经专业科技创新、管理创新、青创赛、群众性创新、QC成果获得地市公司级、县处级以上表彰奖励。或获得过地市公司级、县处级技经专业个人荣誉或具有地市公司级、县处级技经专业人才称号。

(5) 参与出版技经专业相关专著1部及以上。或在国内外专业核心及以上期刊发表技经领域相关学术论文1篇。或作为第一作者在正式刊物发表技经专业论文2篇及以上。

4. 复合型技经人才

(1) 参与制定县公司级技经专业管理文件1项及以上。或参与制定已颁布实施的县公司级及以上经营发展规划、经营改革方案等1项及以上。

(2) 作为主要负责人承担基建（含主、配网）、生产技改大修、小型基建、营销、数字化项目技经管理工作5项及以上。

5. 业务型技经人才

作为主要负责人承担基建（含主、配网）、生产技改大修、小型基建、营销、数字化项目技经管理工作3项及以上。

六、动态管理

公司建设部组成考评领导小组，制定三类技经人才年度考评方案，发布考评工作通知，组织开展考评工作。

公司定额站对专家进行年度考评，形成年度考评意见，报公司建设部和人资部备案，并向专家所在单位和专家人才个人反馈。

各级专家人才的年度考评结果分优秀、良好、合格、不合格四个等级，其中优秀的比例不超过总数量的20%，考评结果记入个人档案。